# 小白学摄影

[日] 小石有华◆著　[日] 铃木知子◆监修　朱曼青◆译

南海出版公司
2021 · 海口

## 写在前面的话

平日普通的场景
难以忘怀的美食
与重要的人一同度过的时光
独一无二的美景
想把这些瞬间……
natural
CURRY
Friend
mountain
拍成一张张专属于自己的美片！
试着拍了拍。
结果却和想象中的样子截然不同！
完美景致仅留存于脑海……
……
于是，入手了一台相机。
你有过这样的经历吗？
是的，这说的不就是我吗？
Pad

无审美
机器白痴
拍照技术为零
是！本人全部『躺枪』。
说起来，摄影的世界总觉得……
好难啊！
F？
ISO？
换镜头？
拧相机……
这说的是毛巾吗？
说明书
?!
摄影爱好者给人的印象
有一台很贵的相机
熟练使用手动挡
相机理论讲得头头是道
相机的操作多简单呀！
快门250吧！
全都和我无缘！
其实，我也不知道问题出在哪儿，早就彻底放弃了……
相机已经被束之高阁数年了……
孤零零～
但是，一次偶然的契机，我踏入了摄影的世界。

然后我发现了一个惊人的事实！
摄影原本应该是一个遇见美的过程，为何要用那些难点束缚自己！
专业术语、手动挡、品位……
当当 当当！
只需要记住三点
你没听错，只需三点便足以让你尽情享受摄影的乐趣！
仅三点就可以让你
自由地
随性地
如愿地
拍出你想要的照片！

摄影应该从哪儿学起呢？毫无头绪！
只能勉强用自动挡拍一拍，但是完全拍不出自己想要的效果！
这些摄影小白们苦恼的事情……
都会在这本书中统统得到解决！
耶！
忘掉『拍照就拜托自动挡了』这些话吧！
摄影师会把全世界最简单的摄影玩法全部教给你！
摄影师

# 目录

# 故事开始啦

# 为什么我负责单反拍照？

某日，一件小事突然降临。
苏格兰？
对呀，一起去吧！
朋友k
去那里露营一定很有趣！
好像还挺遥远的。
本次故事的主人公
小白
去年的夏威夷之旅真是太开心了，今年一定要继续！
那么，事前的筹备工作就交给会英语的我吧！
嗯！我同意去！
只是，我有一个条件！
你负责用单反拍美美的照片！

单反相机
啊？不要吧……
我已经把相机卖了呀！
快看看去年的照片！
好不容易去了趟夏威夷！那么漂亮的大海、山川……
完全没有把美景拍出来！
哼！
难得碰到个火山，还拍得那么远，都看不出那是什么！
不忍回顾，完全拿不出手啊！
呃～
看了夏威夷的照片后，我也有同感，如果当时用更高档的相机拍就好了。
拍照果然好难啊……
如果能拍得美美的就太让人开心了！
是啊！太可惜了！
让我们把那些珍贵的回忆美美地留下吧！

你要这么说的话，那你来拍！
嘿~我不行。
机器白痴！
所以还是拜托你啦！
总觉得被强迫了。
呜呜呜~
虽说在相机卖场转了又转，
但依旧完全不知所云！
其实，以前我也挑战过摄影的入门指南。
光看术语就已经让我受挫了！
F？
ISO？
不知为何，就是不能自如地用好相机。
按钮好多啊！
跟家用电脑一个级别的！
全画幅是什么？
说的是什么意思？？
结果还是搞不懂相机的世界！

啦～
呜啦啦～
♪
SOMY
♪
呜啦啦～
♪
哇！
好美的照片啊！
要是我也能拍成这样就好了！
唉……
谢谢，那是我拍的照片。
摄影师
铃木老师
很开心！
你想学摄影吗？
啊？！
！！
♪～
！！
啊……嗯嗯……其实……
紧张状！
……
……
……

滔滔不绝倾诉中
请听听我的烦恼吧！
可以这样使用相机……是什么意思？
呜呜呜～
我……我知道了。你冷静一点！
这气势不得了啊，但被逮住诉苦了！
这不是一个很好的机会吗？难得去国外，光用手机拍照实在是太浪费了。
但是距离出发只有一个月了。即使我买了新相机，一个月能熟练操作吗？说起来，要买哪一款相机啊，我真的毫无头绪。
没事的！我陪你一起去挑相机。
那么，我们这就去相机卖场吧！
啊！真的吗！
大神！救星！

# 第2章

# 如何邂逅你的专属相机

## 了解单反和无反的区别

来吧，尽情挑选吧！
琳琅满目
不不不，这不现实，太可怕了。
Yodo Bushi相机店
这可难办了，我不知道你对什么不了解。
所有！
我什么也不懂！
· 每台相机的区别
· 价格行情
· 不懂专业术语
· 店员推荐的高性能相机有无必要
说起来，数码相机都有哪些款？
先从这里开始可以吗？
我先讲解一下吧！
数码相机主要有三类
· 微单相机
· 无反相机
· 数码单反相机

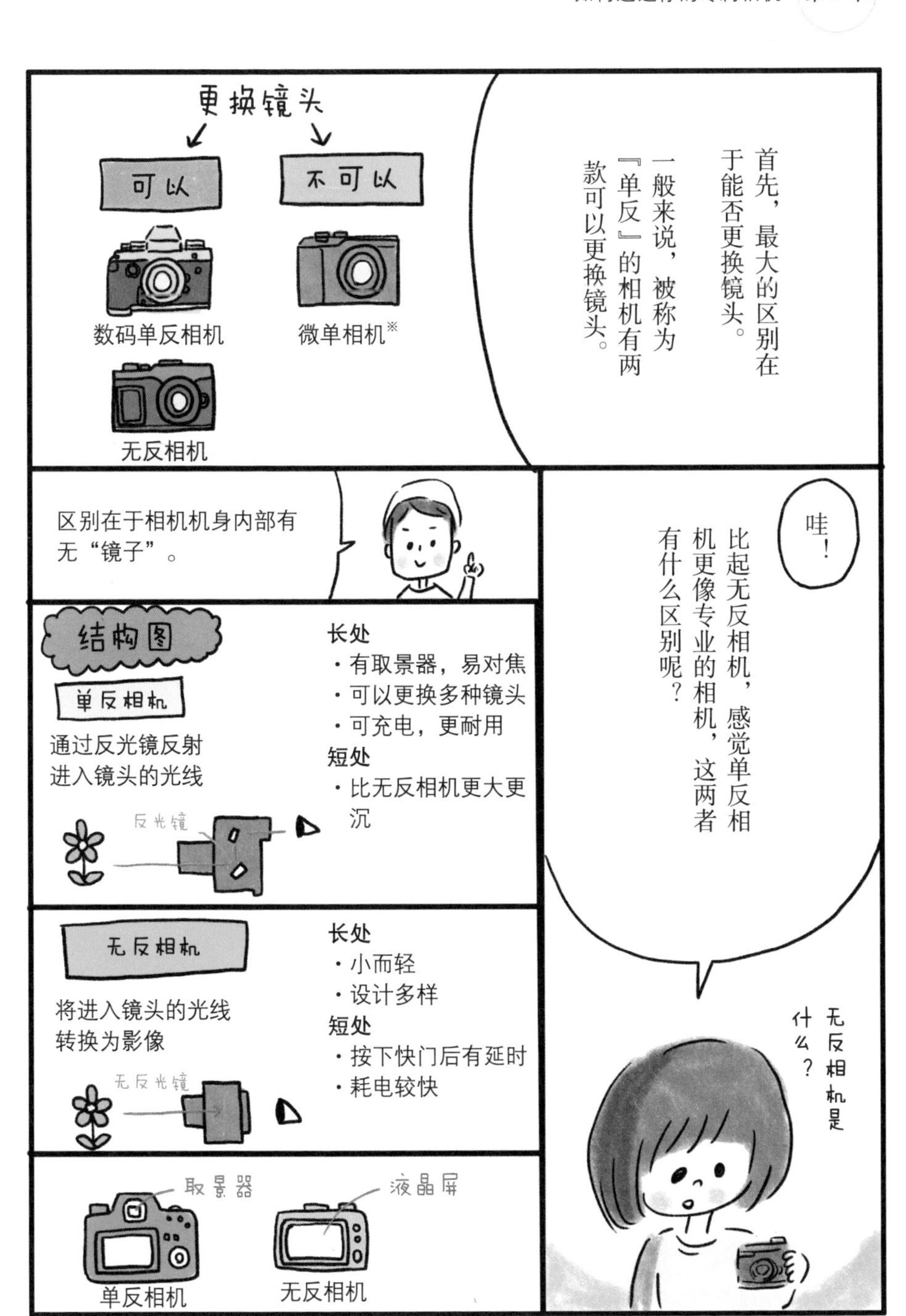


※最近，可以更换镜头的微单相机也逐渐增多，但镜头种类较少。

## 只需了解这些要点即可选择相机

## 只需了解这些要点即可选择相机！

### ●大小、重量、手感

适合你的手感吗？携带方便吗？
由于网购不能实际触摸，无法亲自确认，所以推荐在实体店购买。

### ●快门声音

厂商和机型不同，快门声音竟也不相同！
从电音般轻快的声音到略显厚重的声音，应有尽有，请寻找让你在按下快门时感到愉悦的声音吧！

### ●设计

各式各样

比起技术，最为重要的是让你爱不释手的设计。
一款让你想形影不离的相机，是拍出好照片的首要条件！

### ●有无取景器

无取景器

无反相机

有取景器

单反相机

无反相机最基本的特征便是没有取景器※。
单反相机可以通过取景器一边观察一边拍摄，更利于将精力集中于被摄物，拍摄体验更好。

是的是的，比起相机功能，端起相机的手感更为重要。

※最近，带有取景器的无反相机也逐渐增多。

但是价格也是有高有低啊！
¥1,000 ~ ¥000
这一千元的差别体现在哪儿呢？
您在看相机吗？
我来为您介绍吧！
如果是面向初学者，
机身+镜头的套装一般是三千至六千元。
！！
相机卖场负责人
N先生
老师！这是坏人。
嗖嗖
啊？怎么了？
？
我曾经被店员强行推销，买了款高级微单，现在还有心理阴影呢！因为买了以后才知道，微单的镜头少之又少！
微单很好哦。
好的～
他不是坏人吧？
问问看吧！

如果是六千元以上的高端相机，就多了许多高级功能，但如果不是工作需要，第一台相机没必要买那么高端的。
经常有客人会这样认为
买了贵的相机就能拍出好看的照片了！
但事实并非如此……
啊？不是越贵的相机拍出的照片越厉害吗？
两者没有一点关系！
斩钉截铁
发光
我认为，最重要的是拍摄者的心情。
N先生！
不会强卖贵相机吧！
想要向您咨询一下！
铃木老师
有没有正好适合我的相机呢？

●触摸屏功能
一键触摸，操作更便捷。
●Wi-Fi传输功能
可以马上将拍好的照片传到手机上，非常便利。
●可旋转液晶屏※
液晶屏可以旋转，无论从高处还是从低处，自拍都非常简单！
※不同厂商的液晶屏名称和旋转方式会有所不同。
没有电脑也没问题
这三个功能十分方便，可以作为购机时的参考标准。
其次，最无须在意的便是『像素』。
唉？
难道不是像素高=好相机？
只要不印刷成海报，800万像素就足够了。
总之，1000万像素和2000万像素是看不出差别的，现在手机的拍摄像素已经远远超过相机了。
挑选相机的设计就行了。
当然，有关商品的任何信息，都可以问我们这些专业人士。
太靠谱了！
店员的榜样！

嗯……
选哪一款呢？
左看 右看
怎么办呢？
咦？
这台……
看起来像小狗狗！
我大概是爱上了这个手感！
抱紧
抱起来的感觉也是超棒啊！
？
我就要这个了！
嗯……这个……
到底发生了什么？

# 铃木老师的相机小知识①

## 套机的选择方法

一般来说，相机的机身和镜头是分开售卖的。但是单买镜头非常昂贵。因此，为了方便初学者使用，可以选择连带镜头成套销售的“套机”。

**主要从以下三种方案中选择**

**机身**
**只有机身**
请注意，此方案不带镜头，不能直接拍摄。

**变焦镜头套机**
**机身 + 一支镜头**
标准变焦镜头的使用范围非常广泛，风景、人物、动物皆可拍摄。因此，对于初学者来说，这款镜头十分实用。

**双变焦镜头套机**
**机身 + 两支镜头**
当您想拍摄孩子的运动会，以及月亮、飞鸟等远处的被摄物时，长焦变焦镜头非常实用。

通常，即使是最便宜的镜头也需要一千至两千元，因此购买套机比分别购买机身和镜头更划算。我推荐选择“变焦镜头套机”作为第一台相机。

**若是从0开始学摄影，首先应采购套机**

## 镜头上标注的数字不同，拍摄的范围也会有所不同！

镜头上标注的数字称为“焦距”，数字越小拍摄范围越广（广角），数字越大越能将远处的物体放大拍摄（长焦）。

**以18-55mm镜头为例：**

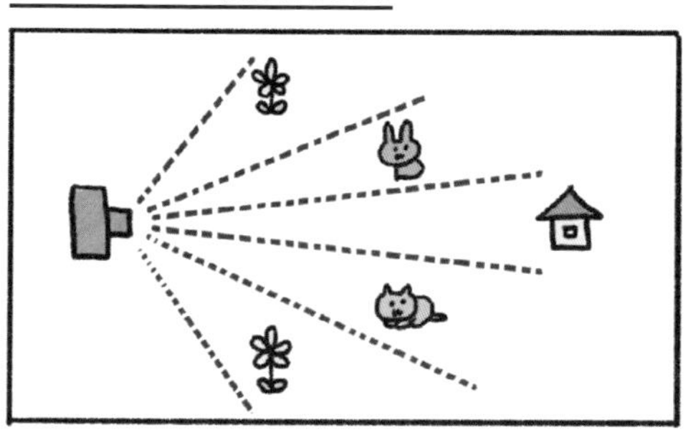

18mm
广角端
拍摄的范围较广。

35mm
标准
能拍摄肉眼可见范围。

55mm
长焦端
能将远处物体放大拍摄。

## 决定相机画质的地方是“传感器”？

对照片画质起决定性作用的是相机“传感器”的大小。
传感器，即感光元件，是指将透过镜头后的光线转换为电信号的部件。传感器越大，照片的画质越好。
不同规格的传感器对应不同的镜头，所以购买相机时请事先确认。

### 传感器规格的主要种类

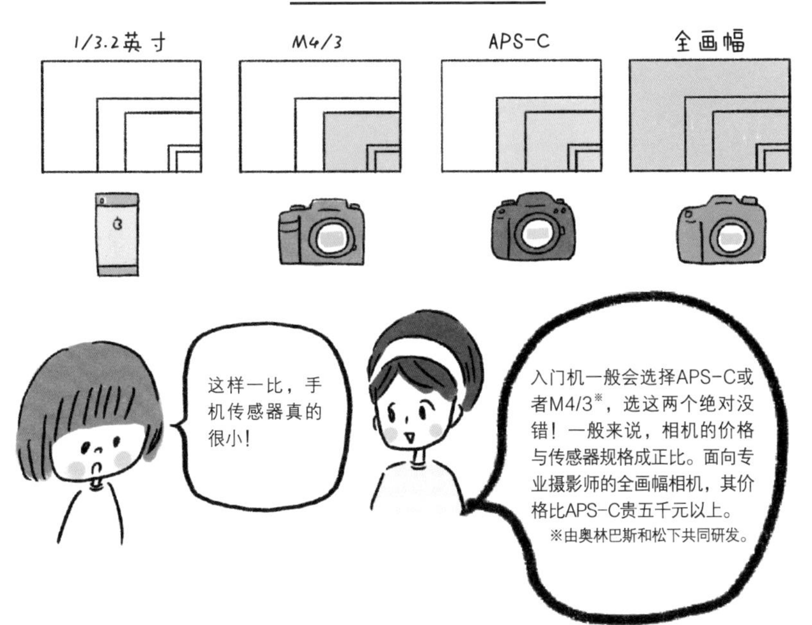


## 选择“APS-C”或者“M4/3”准没错

### 镜头的大致尺寸

传感器规格不同，拍摄的范围呈现差异。

| | 广角 | 标准 | 远摄 |
|---|---|---|---|
| APS-C | 24mm以下 | 35mm | 50mm以上 |
| M4/3 | 18mm以下 | 25mm | 35mm以上 |
| 全画幅 | 35mm以下 | 50mm | 70mm以上 |

### 换镜头时需注意

相机的传感器和镜头都十分敏感。
特别是传感器，若进入灰尘，则有可能发生故障。
所以绝对不可以直接触碰！换镜头时请务必小心谨慎。

# 与相机一同购入的配件清单

在高呼“相机入手，好嘞开拍”之前，请稍等片刻！给大家介绍一些配件，建议与相机一同购入。

## 必不可少的配件

◎SD卡※

（预算：120～300元）

存储照片数据的媒介。

推荐内存大于16GB的SD卡。由于SD卡小巧纤薄，请小心拿取。也可以准备两张，以防万一。

※SDHC卡、SDXC卡。

◎UV镜

（预算：120～300元）

安装在镜头前，保护镜头干净并减轻撞击。镜头比机身易受损，因此UV镜必不可少！需根据镜头大小选择合适的尺寸。

## 增添便利的配件

○液晶保护膜

（预算：60～120元）

保护液晶屏幕不被刮伤或弄脏。

○相机套

（预算：60～180元）

收纳和保护机身。

○相机收纳内胆

（预算：120～180元）

自带软垫材质分隔区，将其装进日常用的包里，就能变身相机包了。

○镜头笔、镜头布

（预算：合计60～120元）

去除镜头上的指纹和污渍。

○相机背带

（预算：180～600元）

相机本身自带，但也可根据个人喜好私人订制相机背带。

备用电池

（预算：300～600元）

经常旅行或户外使用时，请务必提前准备。特别是无反相机，耗电较快，带一块备用电池比较放心。

相机包

（预算：300～600元）

带着相机和更换镜头一起出行时，相机包的软垫材质可以保护相机和镜头免受撞击。

SD卡盒

（预算：60～120元）

SD卡不耐撞击，尽量避免掉落！而且由于体积较小，容易丢失，所以收纳起来比较放心。

气吹

（预算：60元）

用空气吹去镜头上的灰尘。

# 只需记住这三件事

## 我可能不擅长拍照吧？

自主练习!!
哈哈！新相机到手了，赶紧拍拍看吧！
某个公园
相机公园
咔嚓
咔嚓
咔嚓
啊哈，拍到了，拍到了。
让我欣赏一下吧！
咦？
虚了
虚了
暗了
……

……
我真的不会拍照？
生气～
工作归来的铃木老师
那是小白吗？
刚买了相机的小白。
沮丧地蹲在角落里
她在干什么呢？
小白！
铃木老师！
好巧！我家就在附近。
你好啊～
老师！糟糕了！我没有拍照的天赋！
怎么办，怎么办啊——

# 现实与理想的差距

因为眼睛看到的场景非常美，所以才拍了下来。
但实际效果也太不一样了，是操作不当，还是我太没水准了？
原本以为只要有了单反，就能拍出很棒的照片……
其实就是缺乏和相机的交流磨合。
？
嗯？
我被相机讨厌了吗？
头疼～
为什么用相机拍出的真实景色和我们理想中的样子有差距呢？
是啊！
差距好大！
相机全自动模式拍出的照片很真实，这既是褒义，也是贬义。
比如……

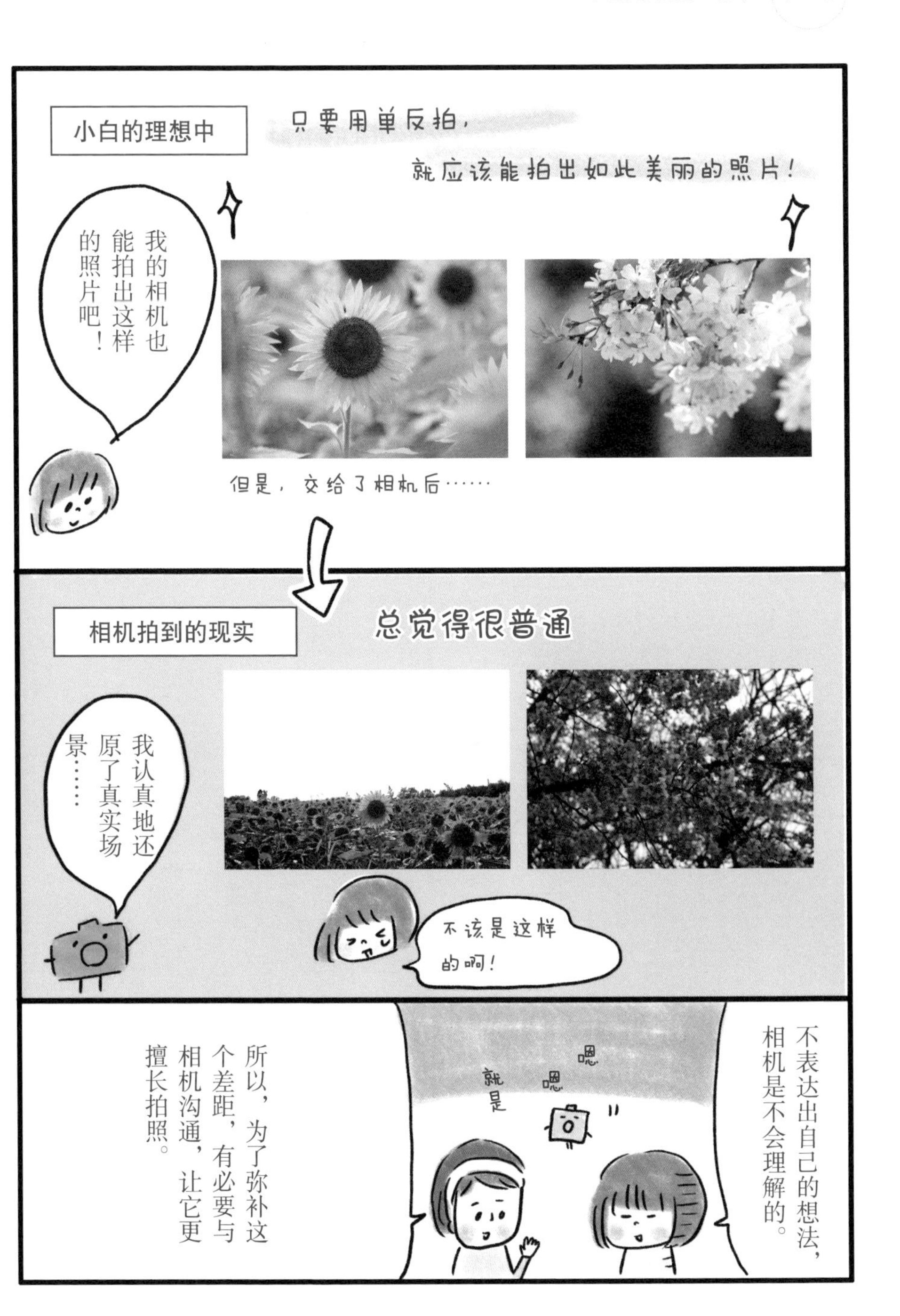
小白的理想中
只要用单反拍，
就应该能拍出如此美丽的照片！
我的相机也能拍出这样的照片吧！
但是，交给了相机后……
相机拍到的现实
总觉得很普通
我认真地还原了真实场景……
不该是这样的啊！
不表达出自己的想法，相机是不会理解的。
就是
嗯
嗯
所以，为了弥补这个差距，有必要与相机沟通，让它更擅长拍照。

# 轻而易举地玩转自动模式

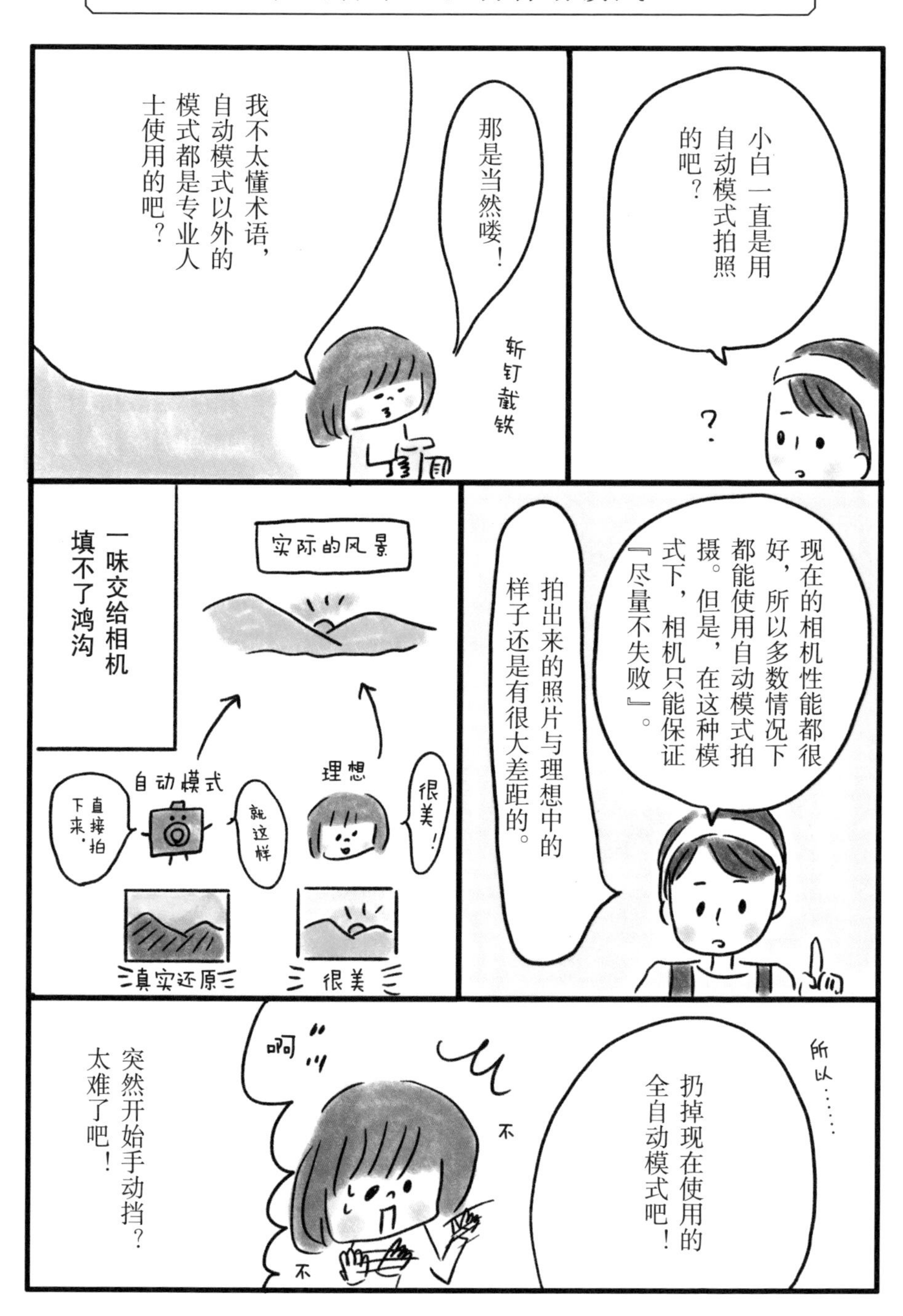

不需要手动模式的，因为相机有一个很简便的模式，可以简单地搞定任何事！

那就是『**半自动模式**』！

小白使用的自动模式是全部交给相机拍摄，但是半自动模式可以满足许多要求。

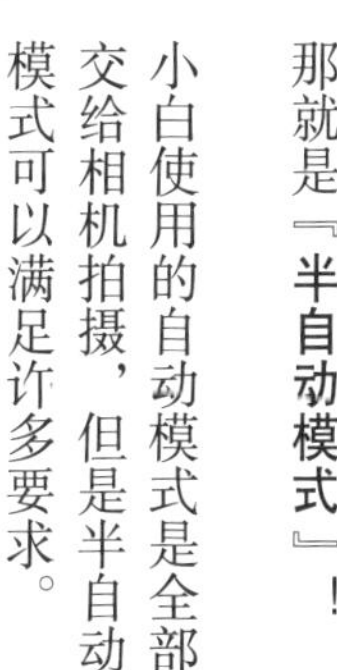

## 相机自动模式的种类

① 全自动模式

所有的参数设置都交给相机。

② 半自动模式

部分参数由自己决定。

本书主要针对这些模式。

③ 手动模式

所有参数都由自己设定。

P挡（程序模式）
可以设置“颜色”和“亮度”，甚至还能设置更多……

A/AV挡（光圈优先模式）
可以设置“光圈”。

S/TV挡（快门优先模式）
可以根据被摄物的运动情况设置“快门速度”。

※不同的机型表述有所区别。

我原本以为全自动模式以外的模式都跟我无关……
借一下相机！
设置！
其中，A（Av）模式虽然操作简单，但却可以自由地进行各种设置，是一个万能模式。
其实专业摄影师平常大多使用的也是这个模式。
所以，接下来呢……
把A（Av）模式当作你的常用模式吧！
嗒
突然就从习以为常的自动模式毕业了？感觉突然升级了！
呜……
有好多按钮，我能用好吗？
放心！不需要全部记住的！
要点
把常用的模式换成A（Av）模式

在哪儿变换相机模式呢？

这里（不同的相机有所区别）

～模式标记主要有两种～

Av · Tv标记

· 佳能
· 宾得

A · S标记

· 奥林巴斯
· 索尼
· 尼康
· 松下

英文标记不同，但功能相同！

## 只需记住三个技巧

设置为半自动的A（Av）模式后，只有三个技巧需要你记住。
微笑状
啊？！
只需要三个就可以吗？
总之，只需学会调整相机的三个要素，拍出的照片就会瞬间变得丰富多彩了！光是知道这三点，就可以和之前的照片拉开差距哟！
首先就是多拍多用！
是吗～?!
怀疑的眼神
要想让照片瞬间大变样，事先需记住这三点！
只需这些便能搞定！
当当～！！
技巧1
可以改变虚化程度！
很多人都认为只要是单反，就能随心所欲地拍出虚化的照片，但如果不作任何参数设置，只是简单地按下快门，是拍不出虚化照片的。
虚化效果可是单反拍摄的一大乐趣哟！
啊？
我之前一直以为单反=虚化。
只要设为A（Av）模式就可以自由改变虚化程度了。

首先，把模式转盘转至A（Av）模式，然后从液晶屏中找到F值，A（Av）模式下，F值可以自由变换。
先把模式转盘转至A（AV）模式。
1
2
这时调节背景虚化程度，F值越小，虚化越明显。
Av F4.5
提高F值在这里！
先用F4.5试一下！
咔嚓
Av
F4.5
AUTO
-3.2.1.0.1.2.+3
±0
AWB
ONE SHOT
RAW
光圈
咦？明明已经很认真地拍摄了，可是别说虚化了，整个画面都虚了。
因为你直接按下了快门。
首先半按快门对焦，然后再一气按下快门，你试试看。

拍到了！
我试了两个数值。
F4.5
F8
F8时，远处的草木清晰可见。与此相对，F4.5时，远处的草木虚化模糊。
而且镜头不同，可调节的F值也不尽相同。小白，你的标准变焦镜头的F值为3.5～22。
而我使用的镜头可以将F值调得更小，我们来比比看吧！
F1.8时，虚化效果就相当厉害了。
这两张看起来简直不像是同一个地方！
虚化了～!!
F1.8
F11

拍摄同一个物体进行比较

F的数字（F值）=虚化程度

F值越小，虚化越大；F值越大，对焦范围越大。

F2.8

F5.6

F16

咚咚～！！
技巧2 可以改变亮度！
Av F5.6 ISO AUTO
-3.2.1.0.1.2.+3
ONE SHOT
RAW+L
[ 43]
找不到！
听说亮度也可以自己设定，是吗？
但没有看到调节亮度的按钮呀！
找到了！
曝光补偿/自动包围曝光设置
+/-
这个标记※通常是表示亮度的。
调节后，数字可以「+」「-」变化。
又是一种奇怪的标记？
!?
亮度调节的方法
越往+的方向越亮
越往-的方向越暗！
-3
-2
-1
+1
+2
+3
-3.2.1.0.1.2.+3
暗
亮

※有的机型也可能没有该图示。

-1 暗　　±0 相机自行配比的亮度　　+1 明亮

这个可以预报天气？
嗯？
……
!!
高科技相机吗？
-3.2.1.0.1.2.+3
AWB
WB +/-
ONE SHOT
OFF
自动：氛围优先
这个AWB
按了以后
白平衡
日光
（约5200K）
AWB
出现了各种图形！
啊哈哈……天气预报？
对不起，原谅我忍不住想笑……
那个叫作白平衡，是一个可以改变画面色彩的功能，有的相机也会标记为『WB』。
根据不同的天气情况使用吗？
那是第三个技巧吗？
呜
咣～！！
技巧3 可以调整色彩！
白平衡（WB）=调整色彩
按照这个顺序记忆吧！
光线情况不同，相机可以识别的色彩也有所差别，所以当你想让画面偏蓝或偏红一些时，可自行调节。
偏蓝（冷色调）
偏红（暖色调）
肉眼可见颜色
钨丝灯
白色荧光灯
日光
阴天
阴影

比如，用『日光』模式拍摄后画面偏蓝，需要加些红色。
稍显清冷！
用『阴天』模式，就会偏红。
氛围变得暖洋洋的！
在室内拍摄后画面偏红了，需要加些蓝色。
和肉眼看到的颜色不同。
用『白色荧光灯』模式则色彩正好。
接近于肉眼见到的颜色。
总觉得我已经什么都会了！虽说我还没怎么拍过。
哈哈哈！
世界尽在我手中！
搞定！『虚化』『亮度』『色彩』就是需要记住的三个技巧！接下来就轮到小白自己拍摄啦！
笑眯眯
太好了！
好嘞！

## 创设一个背景，主角就会闪闪发光

蔫儿了……
咔嚓
唉！
先拍花吧。
我果然没有天赋！好奇怪啊！还是说这个相机根本就是不合格产品？
快看看这个！
啊呀～
相机是合格的，冷静。
花花一点都不可爱。
小白，你刚才想在这个花坛……
拍什么呢？
嗯！那当然是花坛里盛开的花花呀！

刚才你是直接站在花坛边拍的吧。
加油！
难道还有其他拍摄方法吗？
首先，接近你想拍的那些花，来试一下！
技巧1　确定“想要拍摄的物体=主体”，并靠近它！
呜
盯～
咔嚓
？
老师！为什么快门按不动呢！
相机坏了吗？
额……
因为过于靠近了。
这也确实是初学者常犯的错误……
各款镜头能靠近被摄物的最近距离是有区别的。
你说什么？
突然上演的小剧场
那个距离说明藏在哪儿呢？
啊，是这个！
镜头

是的！注意看写在这里的数字。
0.25m
0.25m / 00 00
说明这支镜头『与被摄物体的最近距离为0.25m』。
而且，0.25m是从哪儿开始计算的，它的记号也藏在相机上哦！
认真找找看。
唔——
啊！
我发现了一个特别小的记号！
是的！就是这个！
明明是个相当重要的记号，但似乎知道的人不多！
画一张简单易懂的图
从这儿
到这儿
“最近拍摄距离”是指可以按下快门的距离，它不是从镜头开始计算的，而是指从记号到被摄物体的距离。

我尝试着靠近拍了一张，但为什么总觉得哪里不对……
嗯~
确实，这照片只是说明了『这里开着橘色和粉色的花花』而已。
比较普通的效果
从上面俯拍的话，照片只是更具说明性而已。
我还是先教给你一个拍摄主体比较好看的方法吧！
orange
or
Pink
把橘色的花作为主体拍一张吧。
这里要用的技巧就是刚才提到的三个技巧中的第一个——
『**改变虚化程度**』。

技巧2
在拍摄主体后面，创设一个虚化的背景。
只需这样设置相机
模式转盘转到A（Av）模式
F值=虚化程度
F值可以调至最小
虚化至什么程度呢？
Av F4.5 AUTO
ONE SHOT
RAW
光圈
只需记住！
F值越小，虚化程度越大
主体和背景靠太近是无法虚化的，所以虚化的技巧在于选择远处拍摄。
不要从上俯拍，而是和花处于同一高度拍摄。
嗯？
老师～
完全没虚化！
虚化条件在此
F值小
用A（Av）模式
远离
相机
靠近
作为主体的花
虚化为背景的花

把橙色的花作为主体进行对焦拍摄……
视线与花在同一高度……
!!
哇！跟刚才拍的简直不像同一朵花！
把粉色的花当成背景，便突出了作为主体的橙色的花！
哇
很好很好
铃木老师
拍到了～
这……这就是梦想中的虚化！
万岁万岁!!
虚化效果只有单反才能做到呢。
笑眯眯
仅靠一个技巧，主体和背景就能如此不同呢。
主体
背景

有主体和背景
没有主体
主体更加突出
一团乱
F5.6
F8
小知识
虚化时的要点
白线指向的数值越大，变焦倍数越大
18
55
这时更容易虚化！
对于变焦镜头，变焦倍数越大越容易实现虚化。
要点
创设背景则更能突出主体
这可能是我第一次如此认真地观察花呢。
是吗？
颓
我原本想把猫猫作为首次虚化练习的……

## 刻意的逆光是最棒的场景

试着拍拍这家的招牌松饼吧！
好的！
好好吃啊～
乱
乱
咔嚓
尽是多余的东西！
效果真是一言难尽……为什么？
日历等多余的东西全拍进来了，离主体再近一些看看。
靠近了，但总觉得画面很暗…
单调乏味！总缺点什么！
看着一点也不好吃。
呜～
没事！给松饼施加一点魔法吧，这里要用逆光，第二个技巧就是『可以改变亮度』！
突然
看着好好吃
就像是菜单一样！

真的！完全不一样！
为什么？！
光
有两个技巧！
①将被摄物移至背后被光线直射的位置，使其处于逆光状态。
②逆光状态下，靠近手侧一边会变暗，所以需『加强亮度』以防失误。
仅此两点！
这次我们尝试曝光补偿+1。
①
移动
②
亮度+1
逆光可以让被摄物更有质感，然后调整亮度可以使效果加倍！有了光泽，食物看上去更好吃。
相机的设置
模式转盘转至A（Av）模式
曝光补偿调至"+"的一侧，这次先+1
-3..2..1..0..1..2..+3
+1
调整光线，需要关注窗的位置。
只要根据光源调整自己的位置，照片就能变得如此丰富！
比眼睛看到的更好吃

## 逆光还能呈现出这些效果！

**花草**

叶子和花瓣透光，画面更加轻盈。

**动物**

毛色更具质感，显得更加真实。

**人**

发梢发光闪亮，画面更加温柔。

POINT !!

逆光是让主体更加突出的绝佳场景。

## 在乍看平淡无奇的地方拍出闪亮的“宝石”吧

草木或是水边等有光线反射、闪闪发亮的地方，
瞄准逆光
都是拍摄光斑效果的好素材哦！只要能找到素材，谁都能轻易地拍出闪亮的照片。
不过，想要让背景发光，就要在尽可能近的地方找到想拍的主体并对焦。
后面的树叶是背景
红叶
试着对焦在那株红叶上吧。
对焦在近前的主体上，尽可能地靠近。
靠近
红叶
主角
绿叶
亮闪闪的光斑效果
F值决定了光斑的大小。
若镜头为变焦镜头，调至最合适的焦距。
F值大
光斑小
F值小
光斑大
哇哇
趁着还没忘，赶紧实践一下吧！
等一下！
调焦
咔嚓！
亮闪闪的光斑出来啦
F8
F5.6
!!
啊！拍成功啦！

## 这里也藏着闪闪发光的技巧

水边反射光时

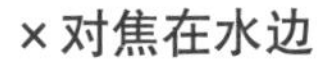

金属反射光时

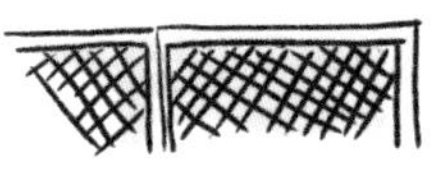

×对焦在远处的金属上

○对焦在近前的金属上

技巧就是尽可能靠近主体、远离背景！

**要点☆**

追随着光线，就能找到闪闪发光的『宝石』！

# 铃木老师的相机小知识②

## 改变F值，镜头会发生怎样的变化呢?

我们将镜头中调整光线进入量的小孔称为“光圈”，而表示光圈的数值便是F值。

### 光圈带来的差异

放大 ◀······ 光圈 ······▶ 缩小

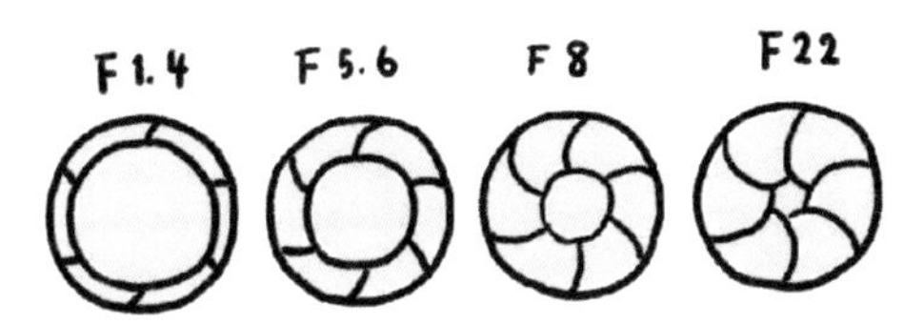


明亮 <····· 明亮度 ·····> 暗

大 <····· 虚化度 ·····> 小

### 光圈有两个作用

**1.调节进光量**

F值小：进光孔大，进入的光线多，所以画面亮。

F值大：进光孔小，进入的光线少，所以画面暗。

**2.调节对焦点**

F值小：虚化的范围大。

F值大：对焦的范围大。

### 体验光圈大小的方法

用手指作圈，单眼观测吧！圆圈越小就越能对焦在远处。

## 解开镜头上的数字暗号吧

不同的镜头，F值的数字范围也有差异。套机自带的标准变焦镜头，F值范围一般在3.5～22之间。镜头上标记着该镜头的最小F值。

**例如，当镜头上标记着［18-55mm 1:3.5-5.6］时**

这是指F值只能在3.5～5.6之间吗?

这表示的是各个焦距下的最小F值。比如，变焦镜头的焦距在18-55mm之间，那么当焦距为18mm时，最小F值（最大光圈）为5.5；当焦距为55mm时，最小F值（最大光圈）为5.6。

## 拍腻了柔和的照片，尝试利用阳光拍出清爽的照片吧

咔嚓
……
没有啊。
让阳光呈现出清晰的光线是有技巧的。
试着找一个地方，让阳光直射在某个物体上，并从物体空隙处照射出来！
阳光照射出来的光线越细越容易拍清楚。
从建筑物的空隙中射出来
从林木的空隙中射出来
与其说在拍照，不如说是在寻宝！
用相机寻找太阳的美丽
万里无云的晴空可是拍摄的绝佳时机哦！
要点
若是拍腻了柔和的照片，就尝试把F值调大。
刺眼
眼睛彻底清醒了！

## 用色彩创造梦幻！

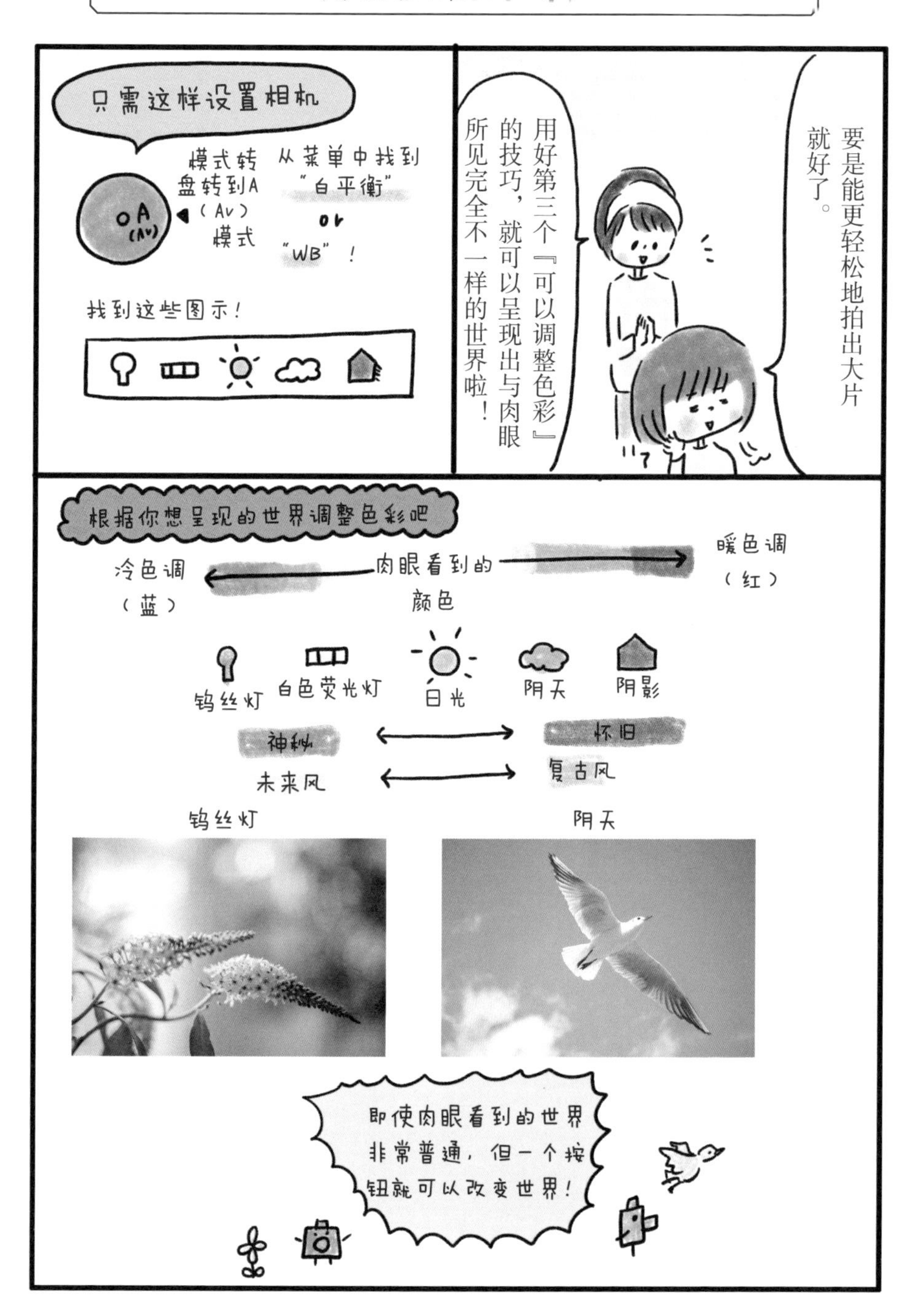

要是能更轻松地拍出大片就好了。
用好第三个『可以调整色彩』的技巧，就可以呈现出与肉眼所见完全不一样的世界啦！
只需这样设置相机
模式转盘转到A（Av）模式
A (Av)
从菜单中找到“白平衡”or“WB”！
找到这些图示！
根据你想呈现的世界调整色彩吧
冷色调（蓝）
肉眼看到的颜色
暖色调（红）
钨丝灯
白色荧光灯
日光
阴天
阴影
神秘
怀旧
未来风
复古风
钨丝灯
阴天
即使肉眼看到的世界非常普通，但一个按钮就可以改变世界！

哇……
好美的晚霞！
咦？怎么拍出来后却没什么红色？
让天空的颜色变得更梦幻吧！
白平衡为日光
白平衡为阴影
想让天空呈现出燃烧般的红色。
要点
用色彩可以改变世界！
太棒了！
红色的晚霞！
今天真开心啊！
自己家
只需记住三个技巧，就能让身边的事物变得如此上镜啊！
露营准备
对了
明天露营我带着相机去吧。
让我的拍照技能燃烧吧！
啊哈哈哈

# 带着三个技巧去露营

我大约10年前就迷恋上露营了，但一直很憧憬一件事。
那就是……
在我最爱的露营中，拍出漂亮的照片！
铃木老师不在，我能拍成什么样呢？
朋友
没事
加油
!!
我买了新相机！
咬牙入手的贵相机。
虽然我会用自动模式
我……
绝不能输给贵相机！
加油
加油
用好昨天铃木老师教给我的三个技巧！
露营很棒呀~拍到好照片后给我看呀！
还有特产♡
好的
啊？特产？
我要拍出超美的照片！

好嘞！扎营完毕！
当当
好嘞！开启狂拍模式啦！
嗯！
-3.2..1. 0 ..1.2..3
暗
亮
怎么这么暗……
逆光……？
旋钮向右转。
变亮啦！

拍一个威士忌吧！
我想让背景虚化。
画面亮一些。
-3··2··1··0··1··2·3
暗
亮
嘟嘟囔囔什么呢……
嘟嘟 囔囔
咔嚓！
画面柔和的威士忌！
远方的景色也拍得很漂亮！
耶，拍到了！
完全沉浸在拍照中，眨眼间天色已晚。
咦？小白呢？
好像……
沉浸在拍照中……

哒哒哒哒哒
黑影是……
相当有气势地冲了过来
她在说什么呢？
看！拍到了！
我露营生涯中梦寐以求的照片诞生啦！
当当当——!!
哇！很棒啊！
我踩在凳子上很努力地拍的！
小板凳
哈哈
我的相机棒着呢，哪怕是在很暗的地方，也能轻松迅速地拍出这样的照片。
真的！
气人！到头来还是看钱的世界！高档相机啊！
哎呀，没事儿，慢慢来。
笑眯眯

哧
哧
果然还是篝火治愈呢~
呼呼——
喂喂，火焰很不好拍呢。
为什么？
借相机看一眼
真的！画面有点发白呢。
我只会用自动模式拍照，就这样吧，也没办法。
不懂
咦？这难道就是铃木老师说过的……
色彩吗！
想要表现出火焰的温暖。
偏红（暖色调）
偏蓝（冷色调）
眼睛看到的颜色
钨丝灯
白色荧光灯
日光
阴天
阴影
呼呼
如果让色调偏红一点……

咔嚓
拍出了燃烧的感觉呢！
!!
啊！你是怎么做到的？
……
昨天新学的
经验……而已……
不过，无论拥有多么高级的相机，如果不能熟练使用，也是没有意义的。
好厉害
其实，关于相机的专业术语我一个也没记住。
仅凭印象操作了一下，结果真的做到了！
记住了一个大概的印象
连功能的名字都没记住
只需三个技巧……
想拍的画面真的拍出来了！
摄影这件事也许真的不难？

## 三者组合拍出拥有无限可能的世界

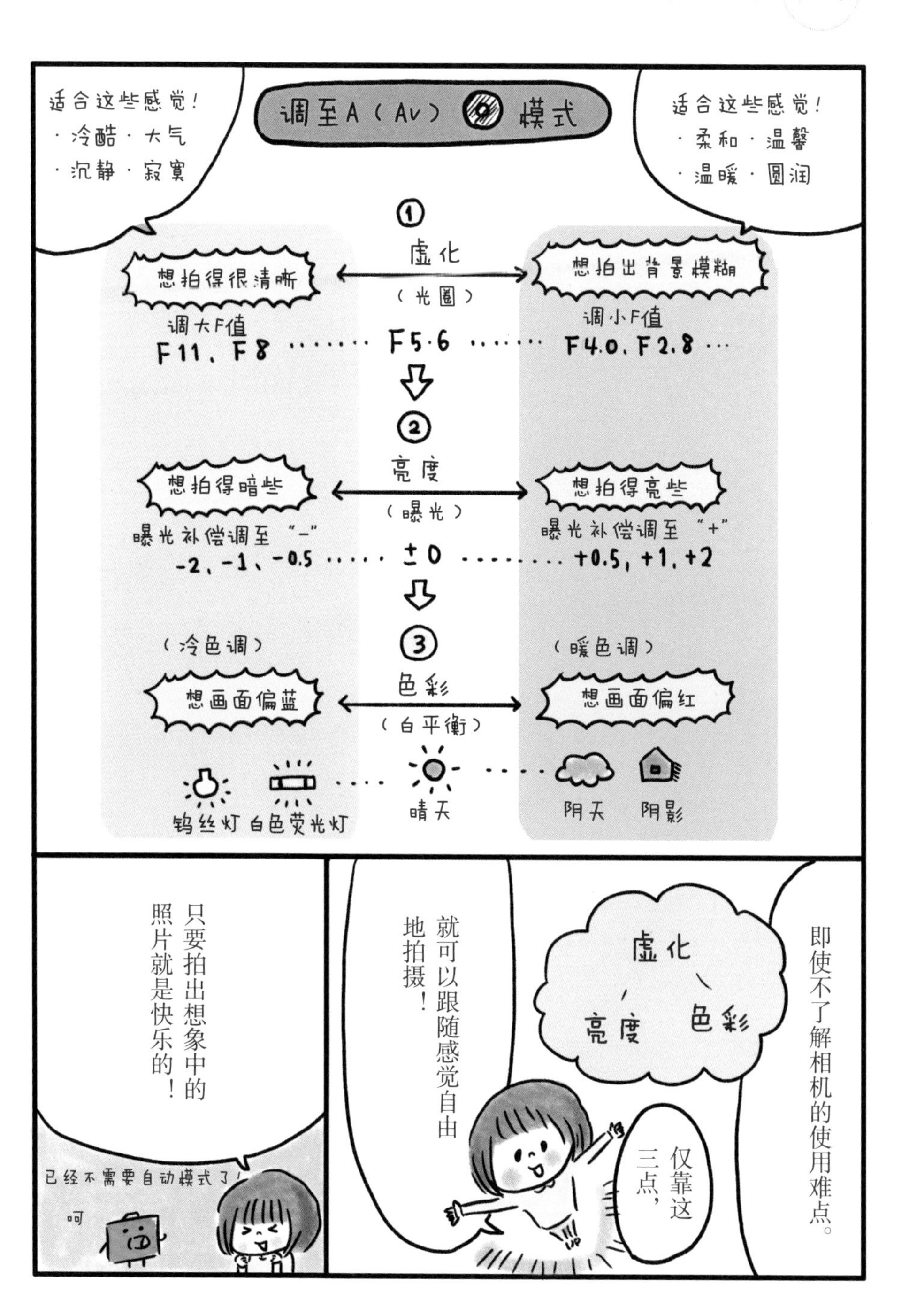

调至A（Av）模式
适合这些感觉！
·冷酷 ·大气
·沉静 ·寂寞
适合这些感觉！
·柔和 ·温馨
·温暖 ·圆润
①
虚化
（光圈）
想拍得很清晰
想拍出背景模糊
调大F值
F11、F8 …… F5.6 …… F4.0、F2.8 …
调小F值
②
亮度
（曝光）
想拍得暗些
想拍得亮些
曝光补偿调至"−"
-2、-1、-0.5 …… ±0 …… +0.5，+1，+2
曝光补偿调至"+"
③
色彩
（白平衡）
（冷色调）
想画面偏蓝
（暖色调）
想画面偏红
钨丝灯
白色荧光灯
晴天
阴天
阴影
即使不了解相机的使用难点。
仅靠这三点，
虚化、亮度、色彩
就可以跟随感觉自由地拍摄！
只要拍出想象中的照片就是快乐的！
已经不需要自动模式了！
呵

# 铃木老师的相机小知识③

## 解答你对相机的“小困惑”

### 相机各部件的常用名称

## Q.总觉得液晶监视器显示的数字和图示不一样。

## A.可以自行决定画面中显示的数字。

一边看监视器一边拍照，就一定会在意画面中的标记。
机器型号不同，标记也不尽相同，一般都是用“INFO”或“DISP”按钮来切换信息的。

**液晶监视器主要有以下三种模式**

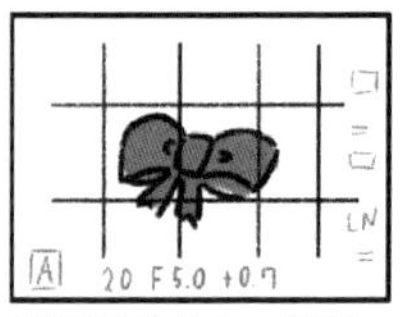


标记有“虚化、亮度、色彩”等信息

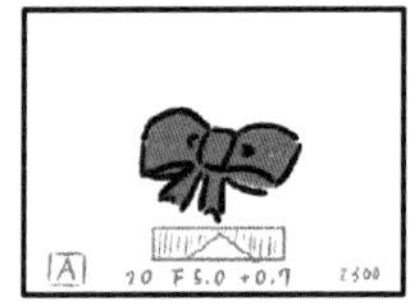


图示标记信息

无标记

如果总是用液晶监视器取景拍摄，电量消耗很快，务必留心！

## Q.从取景器取景时，画面总是不太清楚。

## A.可能是取景器的设定与你眼睛的视力不符。

在这里我们需要使用屈光度调节旋钮。屈光度调节旋钮一般会在取景器旁边，转动旋钮调节至适合自己眼睛视力的程度，就像调整眼镜度数一样。如果你从取景器看到的画面模糊，一定要及时调节，否则会影响拍摄。

# 第4章

# 只要知道这件事，品位立刻提升

## 让照片瞬间高大上的黄金法则

说起来，露营时我也想拍些多样的照片。
比如帐篷的照片
但是，以怎样的布局去拍摄主体，这事儿好难呀！
事先了解一些『构图』的知识。
其实有很多让人觉得很舒服的平衡规则。
有好几种
刚才的照片也运用了一种构图，一会儿把我的构图笔记给你。
当——当!!
我们甚至可以说，构图决定了照片的优劣，非常重要。
啊——
构图那么厉害呀？

比如，我们拍一下那边的猫吧！
好可爱～
猫咪小摆件
把猫放在哪儿呢？
……？
嗯……
放在正中间比较稳妥吧？
这时就要说到构图了！
当你犹豫该把主体放哪儿时，试试这四个点中的任意一点。
咔嚓！
嗯？
不可思议！突然就变得专业起来了。
咔嚓！
仅仅改变位置，就能让照片看起来更加专业！学会构图就赚到了！
好厉害！
这就是三分构图法，我们刚才运用的是点，有时还会运用到面。
比如，大海和天空的比例按照三分切面布局，画面顿时就更加平衡了！

三分构图
自由构图
天空
大海
画面清爽大方！
总觉得缺乏平衡！
嗯？缺乏平衡感？拍蛋糕也有构图吗？
啊！蛋糕！
构图真的很方便！
任何相机都能轻松做到呢。
终于可以喘口气了
我重新摆放一下蛋糕和红茶的位置。
对角线
再拍一张！
这时需有对角线意识！
当有两个以上被摄物时，只需把它们放于对角线上，照片就有了纵深感。
更具平衡感了！
放在这条线上！

## 铃木的构图笔记手账

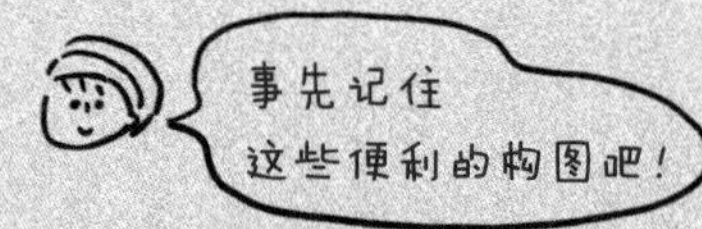


### ● 三分构图

首先需记住的基本构图。把主体放在这四点的任意一点上，画面就能更加平衡，是拍摄中最常用的构图！

运用点的例子

运用面的例子

### ● 对角线构图

加入对角线，引出纵深感。拍摄美食或小物件时，把它们放于对角线上即可。

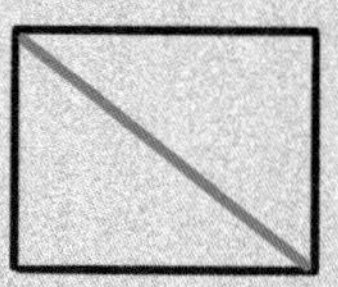

### ● 二分构图

简洁地将画面二等分，画面十分稳定。

● 中心构图

让主体居中的简单构图。

●对称构图

使画面上下对称或左右对称。

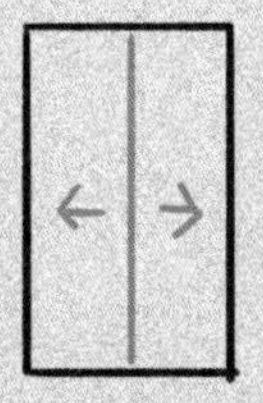

● 镜框构图

通过边框，能够引导观者的视线。

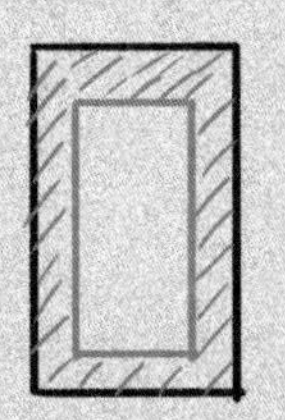

● 三明治构图

将主体像三明治一样夹在中间，属于比较独特的视角。

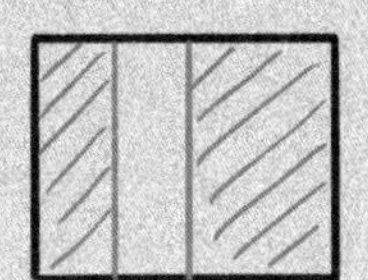

# 无论拍摄何物，都有一个魔法时刻让照片美如画

那就是让专业摄影师痴迷的『魔法时刻』。
一天中只有两个这样的魔法时刻，但条件是空气干净的晴天！
魔法时刻！
只要争取在这个时段内拍照，任谁都能拍出专业级的大片呢！
美丽的晚霞—
所谓魔法时刻是指日出和日落前的短短十分钟时间。
太阳靠近地平线，天空会呈现出多彩且淡淡的渐变色。电影中也经常出现这种让人印象深刻的场景。
※“日出、日落时刻”会根据地点和季节有所不同，需事先查询确认。
魔法时刻可以拍出这样的照片呢！
这美丽的渐变色，真令人沉醉啊！

来到港口
17时
今天的日落时分是18:15，魔法时刻大约从30分钟前开始。
时间还足够
17时45分（日落前30分钟）
哇！像戏剧舞台一样！
运用好逆光拍摄的方法，就可以拍出漂亮的剪影。
相机设置
突出剪影
=
曝光补偿调为『-』

天空的颜色倒映入海面，闪闪发光

天空渐渐被染成金色

魔法时刻好厉害！
这里可以拍出一张有趣的照片，利用下面这个水面，拍出美丽的倒影画面吧！
水面？
空旷
不是吧！没有水了！
还有这种事儿？
啊？
利用这滩水拍照
绝不认输……
真有毅力啊！

大神！
美丽的天空渐变色！
水稍微有点少……
只能多关注天空的颜色了。
额额
是这张吗？
如果有水，可以拍出非常漂亮的倒影。难道今天正好是清扫日，没有水吗？
呜呜呜
呜呜呜
没事没事，没水的照片更加珍贵！

白天平淡无奇的画面……

魔法时刻拍摄的漂亮画面！

18时45分（日落30分钟后）

蓝色、橙色变为紫色

19时（日落45分钟后）

紫色变为深蓝色

魔法时刻结束
漆黑
沉醉……
天空从橙色变为深蓝色，大约历时1小时，但真正的颜色变化只在瞬息之间。
回去吧。
咦？怎么了？
转圈圈
铃木老师！
会摄影的感觉太棒了，认识你真是我的幸运……
如此美丽的景色就在我们身边……
我从来没有像这样认真地欣赏过！

用相机专心地追逐变幻莫测的天空和光线，非常治愈，神清气爽！
哇～
从来都不知道，竟然有如此魔法的时刻，无须去到特别的地点，就能邂逅如此美丽的景色。
手机拍不出魔法时刻的色彩吧！
这次我们去了海边拍摄，如果想在街道拍人或风景时，也可以留心这个时段！
正因为短暂，才显得格外珍贵……
啊～好久没这么感动了！
抖
抖
颤抖
这么夸张？
又增加了一个拍照的乐趣！
要点
只要在魔法时刻拍摄，任何寻常事物都犹如神灵附体！

# 铃木老师的相机小知识④

## 如何选择照片格式，才能拥有更多的后期处理空间

你遇到过这样的事情吗？专心拍了很多照片后，不知不觉间SD卡的可拍摄张数就为“0”了。其实，可拍摄张数是由拍摄时的“画质”和“大小”决定的。

●JPEG

这种格式可以立即将拍到的照片打印或保存下来，手机拍的照片也是采用这个格式。不同机型的表示方式不同，大小有“S、M、L”之分，画质有“Fine（高清）、Normal（正常）”之分。用手机或电脑浏览没有多大区别，但如果要打印或制作成相册时，还是选择数据较大的“L”比较安全。

●RAW

这个格式的意思正如该单词的字面所示——未经加工的数据，可以在电脑端的图像处理软件上对其进行亮度、色调等后期调整，一般面向专业摄影师。该格式一般不能直接浏览，因此可以选择“RAW+L Fine”模式，和JPEG格式一同被存储下来。但是，RAW格式的照片数据较大，开始时只选择JPEG拍摄即可。

谁也不知道何时会拍到绝佳的照片，
为了不留遗憾，应选择较大数据的格式拍摄。

# 只有单反才能拍出的世界

## 让运动的物体迅速停止

你好……
稍等一下。
等很久了吗？
对不起，支三脚架的工作花了一点时间，所以来晚了。
正在和摄影男子约会
那我们出发吧
进展顺利
不一样
嘿
前一日
工作碰头
小白，你也在玩摄影吗？
我还是初学者，小白一个……
下次一起去拍照吧！
真的吗？
你用过快门优先模式吗？
笑眯眯

那是什么模式？
相机模式转盘上写着Tv或S的那个模式。
这个模式可以清晰地拍出高速运动的物体，最好事先记住这个模式。
Tv/S模式（快门优先模式）
模式转盘转到Tv/S模式
TV
S
更改数字后操作
TV 1/125
通过改变快门速度，让运动的物体
停止
模糊
二者皆可
当拍摄动物或孩子等运动较快的物体时使用这个模式吧！
设置好快门速度后，相机会自动设定相应的F值。
显示屏上的数字就是快门速度吧。
快门速度＝“光线进入相机的时间”
快门时间大概就是按下快门到相机发出“咔嚓”一声之间的时间！
咔嚓

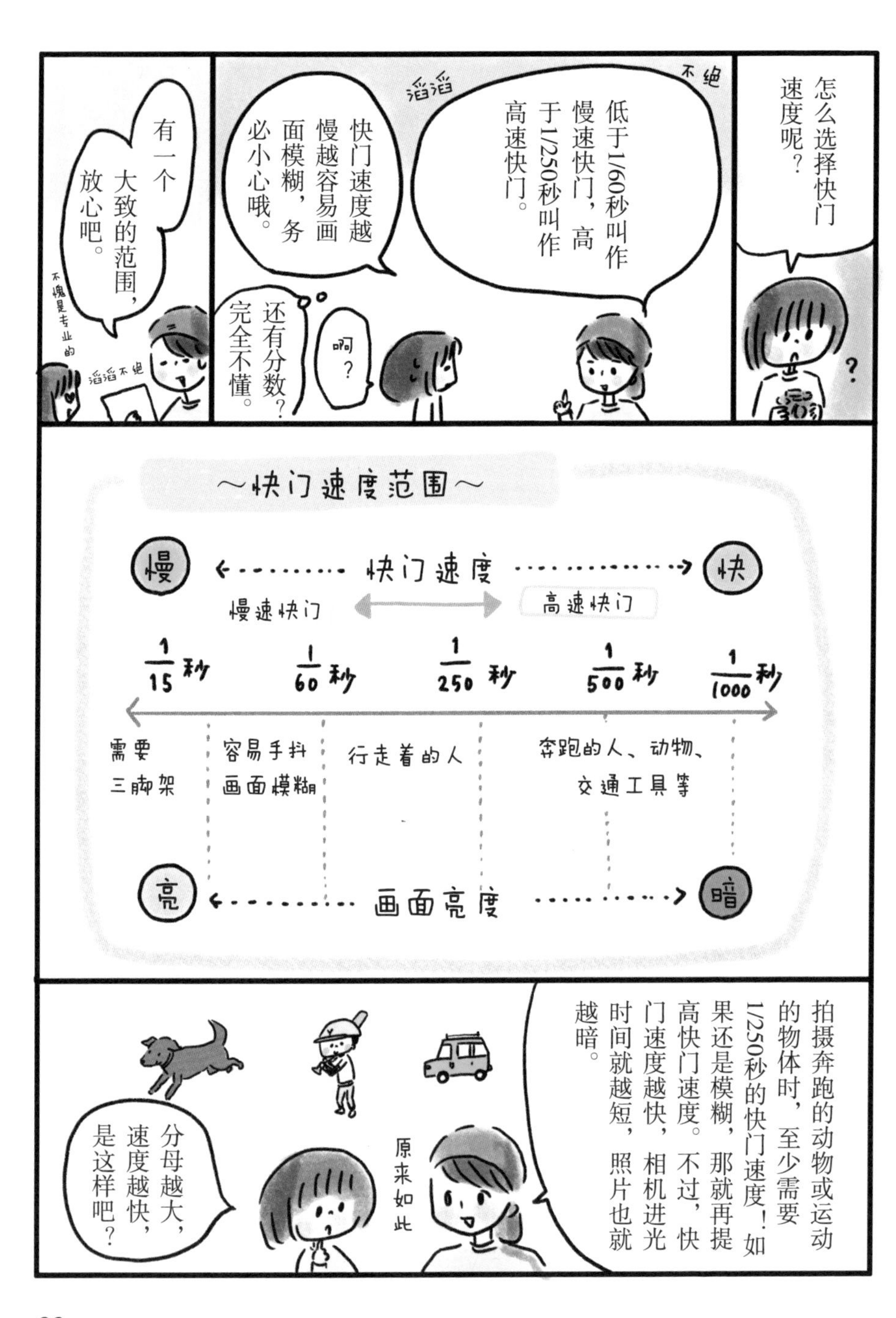
怎么选择快门速度呢？
低于1/60秒叫作慢速快门，高于1/250秒叫作高速快门。
滔滔
不绝
快门速度越慢越容易画面模糊，务必小心哦。
啊？
还有分数？完全不懂。
有一个大致的范围，放心吧。
不愧是专业的
滔滔不绝
～快门速度范围～
慢
快门速度
快
慢速快门
高速快门
1/15秒
1/60秒
1/250秒
1/500秒
1/1000秒
需要三脚架
容易手抖画面模糊
行走着的人
奔跑的人、动物、交通工具等
亮
画面亮度
暗
拍摄奔跑的动物或运动的物体时，至少需要1/250秒的快门速度！如果还是模糊，那就再提高快门速度。不过，快门速度越快，相机进光时间就越短，照片也就越暗。
原来如此
分母越大，速度越快，是这样吧？

提高快门速度，则动作静止

降低快门速度，则动作模糊

关于快门速度，还需留意一点

有的机型会省略分数，表记为10″＝“10秒”、10=“1/10秒”，留心不要看错！

## 故意晃动镜头，把习以为常的风景变成电影场景

尝试拍摄了模糊照片
只需这样设置相机
选择数字，即快门速度
S10"
S
模式转盘转至S模式
用"1/10秒"的快门速度拍摄步行的人，镜头晃动拍出动感，就像一幅电影场景！
用"1/15秒"拍摄，就可以拍出奔跑的人！
用"1/10秒"的快门速度拍摄奔跑的人，人就消失了！
根据拍摄主体的速度调整快门速度，就会拍出不一样的照片，十分有趣吧！
啊
果然男生还是喜欢动感十足的照片啊！

调成单色调，失去色彩的部分更加突出。这就是单色调的魅力。
“1/10秒”拍摄
调暗，突出剪影！
好棒！
不模糊，突出剪影
拍出游乐园器械的动感。
一起做各种尝试吧！
好呀
哈哈
“1/30秒”拍摄

好神奇啊，明明是很普通的场景，拍成剪影就像是电影里的画面！
哇哦——
如果能用好镜头晃动技巧，也是很有趣的呀！
按下快门的机会只有一瞬！因为不会再有同一个瞬间！
Tv模式很棒吧？
A（Av）模式也只有一次机会吧！
呜
啊！那边的光！
咦？哪个？

对焦在远处的物体上，
能拍出波点光斑的效果！
但对焦在金属网上，
画面就显得很普通……
这想法真棒！
因为此时光线反射在金属网上，傍晚是拍出光斑效果的绝佳机会！拍出好看光斑的机会也是一瞬间！必须要自己探索尝试哦！
你很厉害啊！
铃木老师的功劳。
斗志昂扬
啊哈
我们接着去拍夜景吧！

铃木老师的笔记

# 让寻常风景不寻常！视角的技巧

习以为常的风景，
你是否觉得没必要特意拍摄呢？
可是只需稍微改变视角，
就能欣赏到与平常完全不同的风景！

★试着从孔隙里看风景

★试着寻找倒映在物体里的风景

★试着发现时尚独特的阴影

★试着从高处俯拍

## 拍夜景不再失败的技巧

咦？入夜后……
快门速度瞬间变慢了？
咔～嚓
画面模糊
在暗处拍照时，不能顺利地按下快门，而且照片也会模糊，这是为什么呢？夜晚就无法拍摄吗？
滔滔不绝
因为光线较暗，进入相机的光线就不够。
其实有一个小技巧，在暗处也可以轻松拍出照片。
当当——
秘密就在于ISO！
充满气势
喂——
啊？这是个什么团体组织吗？
ISO?!

除了色彩和亮度，『半自动模式』中还有一个可以自己决定的要素——ISO，即感光度。

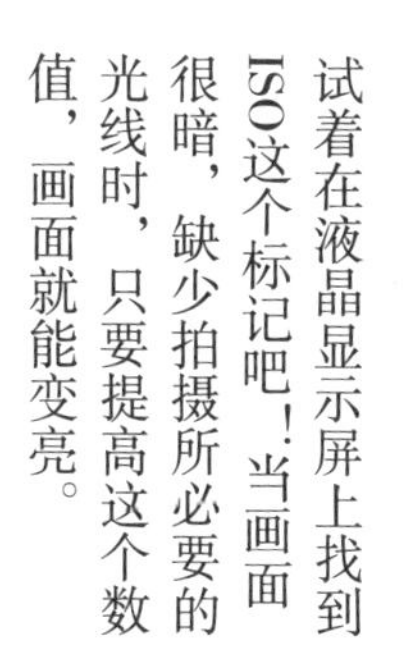

光线暗时成功拍摄的小技巧1

## ①提高ISO感光度

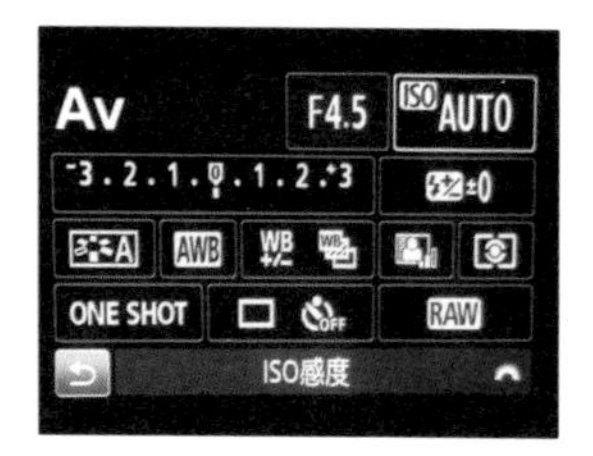


ISO指感光度，也叫作“第三种曝光”。在夜晚或者光线很暗的地方，有时会因为缺少光线而无法拍出明亮的照片。此时ISO就是秘密武器，如果调大ISO数值，快门速度就会变快，即使环境很暗，也能拍出清晰的照片。不过ISO也有弱点，提高ISO值让画面变亮的同时，也会出现噪点，使画质变得粗糙。记住，ISO值在800以上就是高感光度了，而且上限一般在3200～6400之间。

**ISO感光度**

100　800　1600　6400　12800

| 画质好 | 画质差 |
| --- | --- |
| 快门速度慢 | 快门速度快 |
| 容易手抖 | 不易手抖 |

※当ISO为自动调节状态时，有的相机可以为其设置上限，避免数值过高。
※想要提高快门速度时，可以提高ISO，拍摄画面就不会太暗。

清晰度和画质二选一的意思吗？
白天用自动模式就可以啦！
ISO的大致范围
白天：自动模式即可
（或者100～200）
室内：800～1600
夜晚：1600～6400
光线暗时成功拍摄的小技巧2
②固定相机
光线不足时容易手抖，最好把相机放在一个稳定的台子上，最佳选择就是三脚架。相机固定后就无须担心晃动，所以此时可以不提升ISO值，为优先保证画质而将ISO值设为100。
※不同的机型，ISO的最小值也有差异。
放在台子上
使用三脚架
为了少带点行头，我选择台子。
我想要拍许多夜景，所以我选择三脚架。

# 即使没有三脚架也能拍出艺术般的夜景

看，大楼的灯光就变成光斑了！
好厉害！
啊！用手动对焦不是很有趣吗？
那是什么？
如果不对焦在手边的物体上，是拍不出光斑的。
相机
对焦
背景虚化
但是也有方法，不对焦任何物体，整张照片完全模糊！
啊！
怎么做？！

只需要切换一下。
自动对焦
AF=自动对焦
手动对焦
MF=手动对焦
切换
在这里调焦，
调整细微差异
镜头
竟然在这里！
按钮在镜头上
有的机型可以在相机内部进行AF和MF切换。
尝试用MF拍摄
好厉害，所有的夜景都变成了光斑！
虚化固然很好看，但是拍摄清晰的夜景，也很有趣哦！
来了，防抖博士！
设置为S（Tv）模式，尝试用1秒的快门速度拍摄吧！

把镜头调至变焦倍数最大状态。
按下快门。
咔嚓
转
在这1秒内，将镜头从左边转到右边！
画面就像飞出去了一般！
视觉冲击好强啊！
哗啦——
还可以利用这1秒钟的时间
有时
效果
有点不一样啊
尝试画圆
转圈圈
试着左右晃动
嗡
嗡

1秒钟内，用相机画圈
真像艺术！
好像画了一幅画
1秒钟内，把相机左右晃动
光线也跟着晃动了！
没有三脚架的确也可以拍出各种乐趣呢。
真厉害。
是吧。
虽说我以前几乎只靠虚化混江湖……

## 拍出独一无二的夜景

让夜景照片瞬间不同的简便方法，通过白平衡改变色彩。

明明是同一个夜景，单单改变色彩就成了两个截然不同的世界，真有趣。
我们再调到A（Av）模式，把F值调大，也很有趣哟。
咔嚓
F16拍摄
哇！F值调大以后，街上的路灯就闪闪发光了！
光线的运用
拍摄夜景也需要下很多功夫啊！
总觉得拍照就像钓鱼，需要换饵料和地点！
……
我第一次听到有人把拍夜景比作钓鱼的……
像吗？

## 在肉眼不可见的光影世界里遨游

水面的光线更加柔和！
变身油画般效果！
普通的水面……
摩天轮的灯光画出弧线轨迹！
像一个科幻世界！
普通的摩天轮……
比肉眼所见更为美丽的夜景照片出炉！
超越时空的界限，享受肉眼不可见的光影世界，这也是夜景摄影的有趣之处！

# 铃木老师的相机小知识⑤

## 用色彩表现出更多照片个性的技巧

已经会用白平衡自由变换照片色调了吧。如果还想进一步创造出独有的原创色，我非常推荐“白平衡校正”※，它能给可调整的色调加上绿色或粉红，使其更加接近自己想要的色彩。

※有的厂商也称之为“白平衡微调”

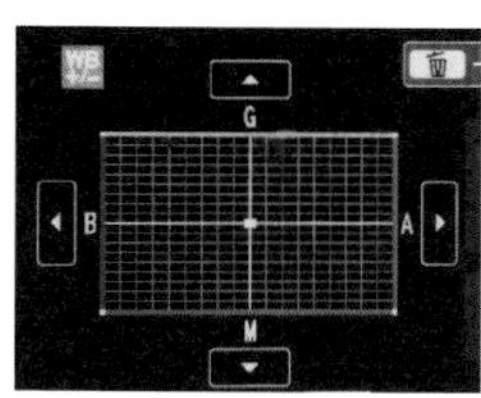


**移动坐标轴便可调整各种颜色**
G绿色（突出绿色）
M洋红色（突出粉色）
B蓝色（突出蓝色）
A琥珀色（突出红色）

按照如下顺序操作：
①通过白平衡决定照片整体色调；
②进行G～M方向校正；
③必要时可进行B～A方向校正。

●突出G（绿色）

清爽的翠绿色更加突出！

●突出M（粉色）

让晚霞更加浪漫！

●突出B（蓝色）

仿佛与天空融为一体，营造出不可思议的世界！

●突出A（红色）

充满异域风情！

如果看腻了习以为常的风景，试着创造属于你的原创色吧！

# 第6章

# 拍出想要展示出来的绝佳照片

## 遵循九分法拍摄花卉

好久没出场了呢。
老师，你在说什么！我正发愁呢！
再次学习摄影的小白
拍不出天空的蓝色！惨白惨白的！
因为是逆光呀！如果想要拍出天空原有的鲜艳色彩，需要背对太阳拍摄，这叫作顺光。
简单易懂的光源示意图
顺光
逆光
天空
被摄物
被摄物

顺光好厉害！

啊！发现了一朵花，教教我拍摄技巧吧！

轻松解决

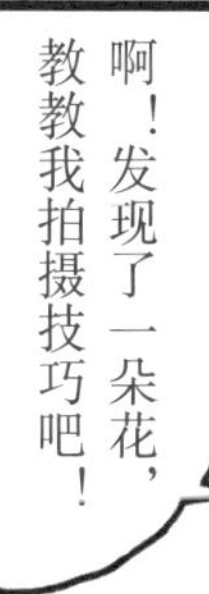

设为A /Av模式，F值调小，创设好背景。

花朵朝向的方向留白（下意识进行三分构图）。

对焦在花蕊上！

看不见花蕊时，可以对焦在花朵中央或者近前。

小知识

其实相机也有其不擅长的颜色，比如红色或黄色这种饱和度较高的颜色，拍出来会像涂了颜料一样。解决方法就是降低亮度，曝光补偿调至“−”。

说不出话来——
寻找作为拍摄主体的花朵时，也可以留意一下单独开放着的花朵。
那几朵是吧！
咔嚓
朝向天空的方向，从下往上拍……
天空
花
土地
相机
呜呜呜……为什么！
技巧就是改变拍摄的位置！
不甘心——
背对天空，从上往下拍……
天空
相机
花
我见犹怜的氛围（曝光补偿调至“+”）！

凛然之感（曝光补偿调为“–”）！

光斑灿若宝石。

如果是逆光，曝光补偿可调为“+”，拍出梦幻的世界。

想要对焦在全体花田上时，调大F值（F8～F11）。

## 拍出美味的魔法三步

喜欢在朋友圈晒图的女孩加奈子
好可爱～
拍照拍照～♫
咔嚓
很久没见面了约在了咖啡厅
哇！拍得真不错～
很有格调～
哇，不错呀！还用了三分构图呢！
三叶草的pose？
谁？
竟然也会用三分构图？
你怎么急了？
说些我听不懂的话。
当当
咣
其实我买新相机啦。
哈哈
哇！好厉害！
但是，单反是不是很难啊？

哎？手机也能拍照啊，为什么要买单反？
不过那个构图是什么？
很轻松啊
再复习一次
把主体放在这个点上去构图。
拍一杯拿铁拉花也有各种技巧呢！
拿铁拉花的拍法
我以前只会用自动模式拍成这样
颜色、光线、位置都差点意思！
光线
注意拍摄的位置
①用白平衡调整照片的颜色。
②钨丝灯模式加点蓝色。
③三分构图法
使用三分切面
1/3空出
④调小F值，虚化周围。
画面一下就充满了平衡感！
进阶
想要看清拿铁拉花的设计，就从正上方俯拍！
另外
特意不把盘子拍全的技巧！

哇！真有趣！
另外，美食摄影也可以从侧上方45°角拍摄！
米饭
45°
如果想要呈现美食的分量，也可以从更低处拍摄！
30°
米饭
从偏下方拍摄，可以表现出大分量。
如果从侧上方45°拍摄，可以拍出全貌。
光线很重要！逆光是最棒的调味料！
太阳
光线
窗户
曝光补偿调为"+"
最佳姿势
从没想过这些！还有其他吗？

用勾起食欲的暖色调拍摄，画面氛围便迥然不同了。
想要改变颜色时，调整白平衡！
之后就是色彩了。
久等了
白平衡为“自动”，则蓝色较强，毫无食欲。
白平衡为“阴天”，则红色加强，勾起食欲！
这就是用构图、光线、色彩三个元素给照片进行调味的关键！
好像专业级别！帅气！
哇！我想用单反拍拍看！
借我用一下
总觉得太帅了
哦！

## 拍摄可爱动物的五个技巧

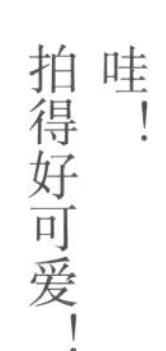

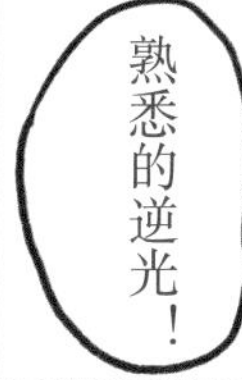


技巧②
用逆光拍摄，动物的毛发会闪闪发光！

实际拍出来是这样的！

实际拍出来是这样的！

胡须和毛发发光，可爱加倍！

右边这张狗狗的照片中，周围的光线都映在眼睛里了，瞳孔闪闪发光。去寻找一个让光线完美投射的角度吧！

可爱加倍！

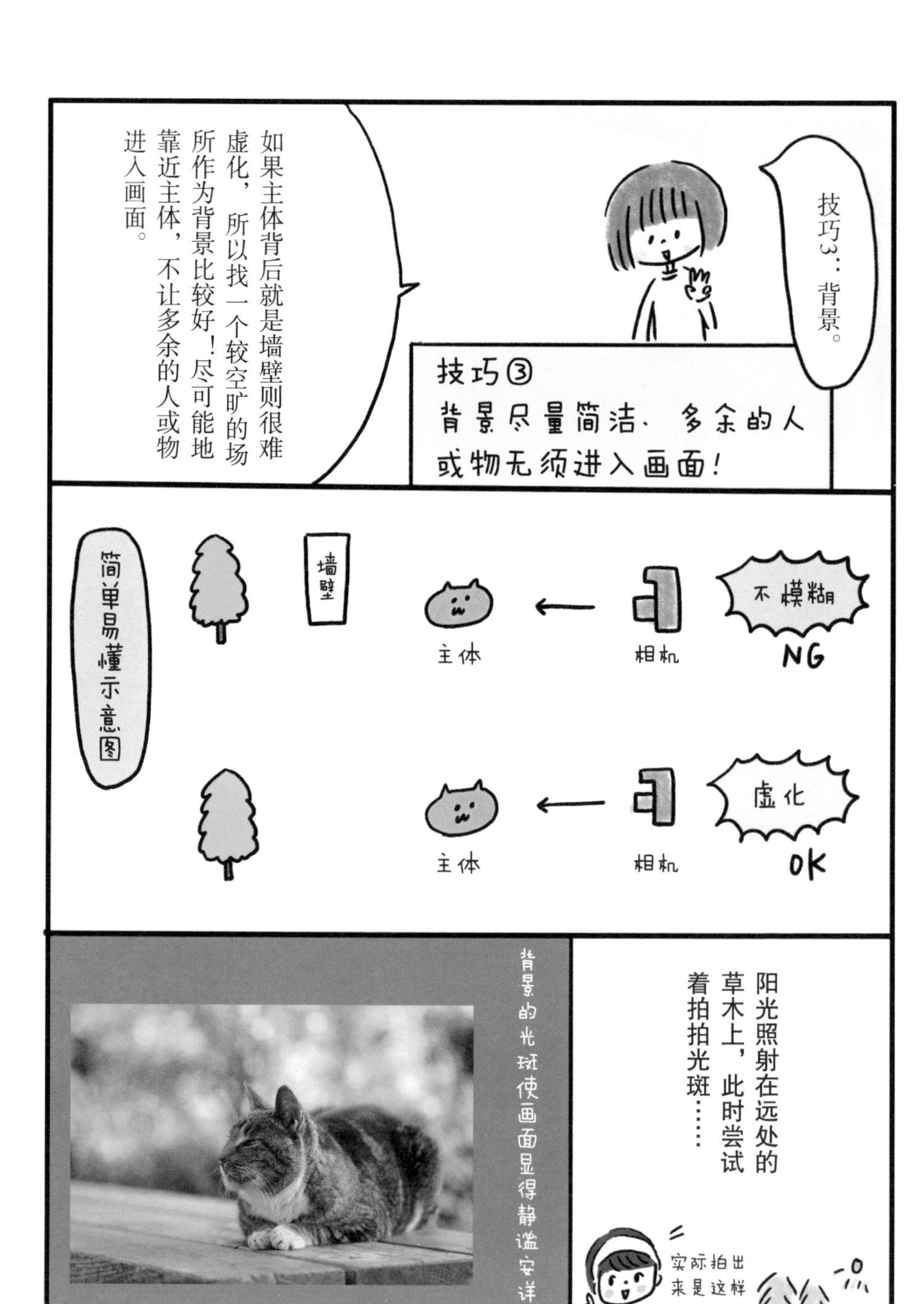
技巧3：背景。
技巧③
背景尽量简洁、多余的人或物无须进入画面！
如果主体背后就是墙壁则很难虚化，所以找一个较空旷的场所作为背景比较好！尽可能地靠近主体，不让多余的人或物进入画面。
不模糊
NG
相机
主体
墙壁
简单易懂示意图
虚化
OK
相机
主体
阳光照射在远处的草木上，此时尝试着拍拍光斑……
背景的光斑使画面显得静谧安详！
实际拍出来是这样的！

相反，当毛发的颜色很亮时，最好将背景调暗！技巧就在于拍摄的地点。
这个地点不是逆光处，而是背阴处，在这里拍拍看吧！
把背阴处当作背景，背景就会变暗，照片更加帅气！
暗黑背景，画面锐利！
技巧4：构图！在视线前方创造空间。
观者的视线也会被自然地引向空着的空间。
空间
所以，明明是静止的照片，也会给人动态的感觉。
技巧④
在视线前方创造出较大空间！

## 还有其他构图

三明治式构图，让人视线聚焦！

正面的中心构图，让人挪不开视线！

嘶——

别慌！

技巧5：快门速度！

快门速度大约在“1/500秒”。
当然，也可以根据奔跑的速度进行调整。
当光线较暗的阴天或傍晚时，为了防抖，将ISO上调为800～1600比较稳妥。

技巧⑤
被摄物奔跑时，改变快门速度，让运动静止！

## 拍出120%魅力的人像摄影

人像摄影3个技巧！

技巧1. 相机的拍摄角度为正面！

从正面拍摄！从上往下拍会把人拍胖，是大忌。不过，当拍小孩或是小动物时，为了突出其可爱之处，可以选择俯拍。根据不同的被摄物选择不同的拍摄角度。

技巧2. 在"逆光"或"背阴处"拍摄！

太阳西斜的下午为最佳拍摄时机。

技巧3. 仅拍上半身时，头顶不要留出空间！

## 拍摄光线的位置不同，画面会有所改变

实际拍出来是这样的！

### 不同的拍摄环境，照片便如此不同！

×太阳光直射，脸上会有阴影。

○背阴处拍摄则无须担心阴影！

○逆光拍摄，光线变得非常柔和！

### 构图也要花一些心思！

×头上留白，画面不平衡。

○头上不留空，画面较为平衡！

不过，拍全身照时则相反！

头顶不留空

×显得腿短

头顶留空

○身材比例正好

### 用好时尚的墙壁！

拍摄虚化时，镜头拉到长焦端。但想要把背景拍摄得清晰时，镜头要拉到广角端！

镜头上数字小的那侧为广角端！

# 与相机一同开启季节之旅

•拍出樱花的柔软

将画面调亮，营造梦幻的感觉。

用白平衡的“阴天”，突出樱花的粉色。

## 雨天的照片

•积水滩的拍摄

积水中倒映出的另一个世界。

•捕捉雨水的波纹

清晰地拍出波纹，用S（Tv）模式，快门速度调至“1/250秒”。

## 夏天的照片

### •拍出庆典的热闹

有时红灯笼会拍得发白，想要突出红色，将白平衡调为“阴天”或“阴影”。因环境较暗，需将ISO调至800～1600。

### •拍出大海的浪漫

日落时分，海浪拍岸时会倒映出天空的颜色，营造出梦幻的氛围。想要突出橙色时，将白平衡调为“阴天”或“阴影”。

## 秋天的照片

### •拍出红叶的艳丽色彩

抓住逆光，拍出红叶背面透光的样子。白平衡调为“阴天”，拍出燃烧般的色彩。不要拍进枝干，用长焦端放大叶子。

### •拍出月亮的神秘

镜头拉到变焦倍数最大的状态比较容易对焦。月亮容易拍得发白，所以曝光补偿调为“-”。

## 冬天的照片

**•闪闪发光的霓虹灯**

灯饰的微小光亮也能变身光斑。灯饰的光亮其实很弱，所以ISO调至1600。

**•天空美丽的渐变色**

冬天的日落时分别有一番景象。把曝光补偿调为“-”，拍出天空艳丽的色彩。

相机可以把暗的物体拍亮，也可以把亮的物体拍暗。拍摄晚霞或偏黑的物体时，曝光补偿可以调为“-”。拍摄樱花或雪花等偏白物体时，曝光补偿可以调为“+”！

# 铃木老师的相机小知识⑥

## 拍出更加多样的世界！镜头的世界

可以换镜头也是单反的一大乐趣！镜头上表示焦距的数字越小则视野越广（广角），数字越大则越能将远处的物体放大拍摄（长焦），所以在选择镜头时需事先确认！接下来推荐几款镜头。

### 想要虚化更明显

**▶定焦镜头**

最想向大家推荐的就是这一支镜头。
它的魅力在于F2.8、F2、F1.4……可以不断调小F值，拍出让人陶醉的虚化效果。能将很暗的地方轻松完成拍摄。不过，它不能变焦。
此镜头适用于拍摄人像、美食、花朵等。推荐您可以将接近肉眼视野的50mm定焦镜头作为第一支定焦镜头。

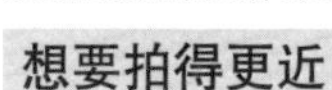

### 想要拍得更近

**▶微距镜头**

可以把微小物体放大的镜头。放大率可以达到被摄物的1～2倍。标准变焦镜头的最近拍摄距离是有限的，但是微距镜头可以更加靠近被摄物。向大家推荐焦距100mm左右的定焦微距镜头。

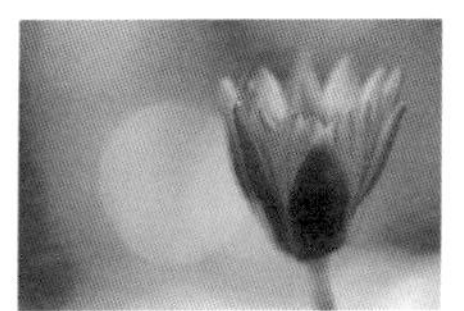

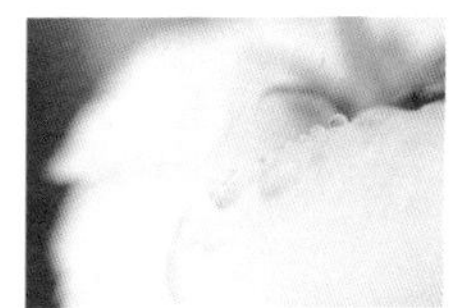

### 想要拍得更广

**▶广角镜头**

一般来说，该镜头的焦距小于35mm。可以拍摄到比肉眼可见更宽广的范围。焦距在24mm以下的称为超广角，它可以将狭窄的室内空间拍得更广，当想把宏大的建筑物尽收画面时，这支镜头非常必要。但要注意畸变现象，越是照片边缘畸变越明显，所以拍摄人物时，将人物置于照片正中为佳。

### 想要将远处拍得更清

**▶长焦镜头**

一般来说，该镜头的焦距大于70mm。它可以将拍摄者无法靠近的远距离被摄物放大拍摄。当你想拍孩子的运动会或演讲会等较远场景时非常方便。

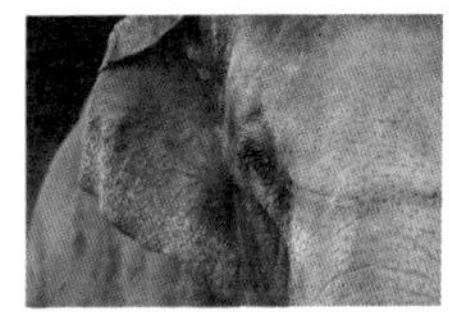

## 你必须了解的有关镜头的陷阱

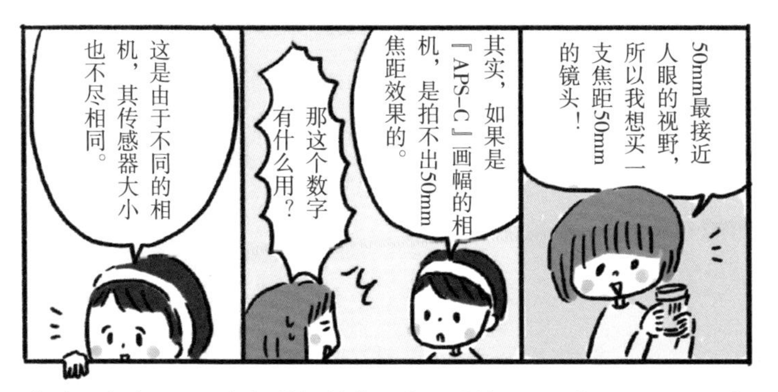


传感器大小不同，相机拍摄的范围也呈现差异。比如，“APS-C”画幅的传感器比“全画幅”的传感器小，所以拍摄的范围也会窄一些。

### “全画幅”与“APS-C”画幅拍摄范围的区别。

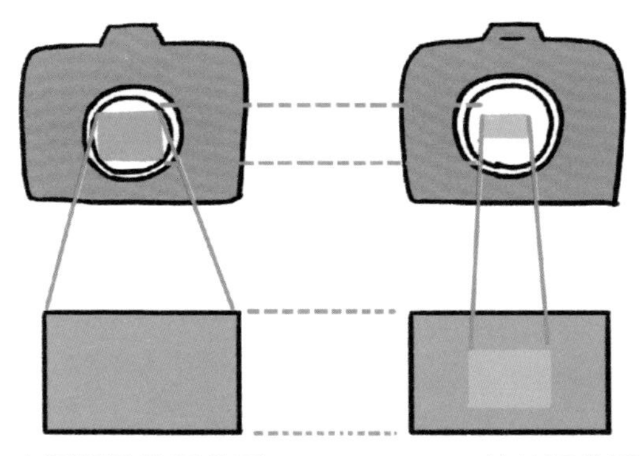

全画幅的拍摄范围　　APS-C的拍摄范围

其实，在相机的世界里，镜头的焦距都是以全画幅拍摄的范围为标准统一的。使用全画幅以外的相机拍摄时，想要知道其真正的拍摄范围，需要计算出它在全画幅情况下等同于多少焦距，这在专业术语中称为“35mm换算”。传感器大小会因厂商不同而有所区别，容易混淆，但是一般可根据如下公式进行换算。

**APS-C焦距（镜头上标记的数字）×1.5=全画幅焦距**

※佳能相机为×1.6。

**M4/3焦距×2=全画幅焦距**

## 想要更换镜头就来看一下“镜头更换一览表”吧

### 比如，想要一支“50mm”镜头时

### 若使用的相机是“APS-C”画幅

**“35mm”镜头即可得到50mm的拍摄范围！**

| APS-C（1.5倍） | |
|---|---|
| 想要的取景范围 | 应选的取景范围 |
| 24mm | 16mm |
| 35mm | 25mm |
| 50mm | 35mm |
| 85mm | 50mm |
| 150mm | 100mm |

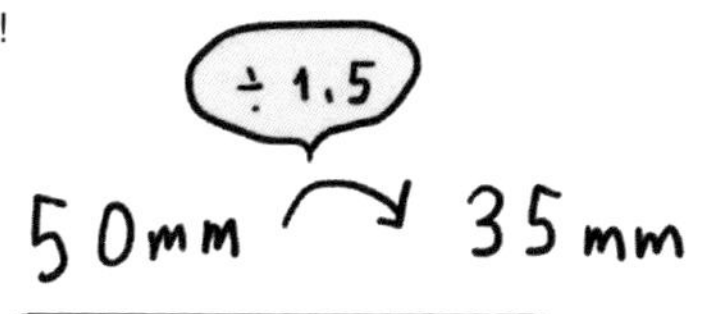


想要的取景范围÷1.5即可！

※佳能为÷1.6。

### 若使用的相机是“M4/3”画幅

**“24mm”镜头即可得到50mm的拍摄范围！**

| M4/3（2倍） | |
|---|---|
| 想要的取景范围 | 应选的取景范围 |
| 20mm | 10mm |
| 32mm | 16mm |
| 48mm | 24mm |
| 70mm | 35mm |
| 100mm | 50mm |

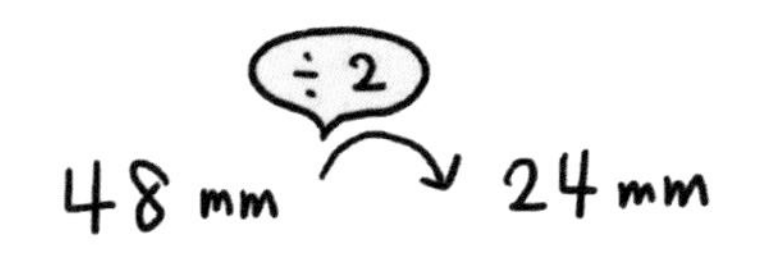


想要的取景范围÷2即可！

# 第7章

# 拍出“卖家秀”照片的专业技巧

# 好照片是什么？

来到了朋友的摄影展
嘴里说着自己只是出于兴趣爱好而拍的照片，但这拍得也太棒啦！
嘻嘻嘻
作为摄影爱好者，我也得好好观摩学习一下。
……
咦……
嗯？好照片是什么呢？
为什么又遇见你了？
我来办公场合玩一下
我也逐渐记住了拍摄技巧，学会拍各种照片了。

如果现在把我拍的照片给别人看的话……
能否打动人心呢？不，打动不了！
他的摄影展真的相当精彩啊
不能仅仅停留于拍得好看，我也要拍出打动人心的照片！
怎么拍的呢？
好不甘心啊!!
嗯！是呀！
怎么才能拍得更好看呢？
比如这顶帽子
对了，要不要在闲鱼上卖点东西啊？
啊？你到底有没有在听我说话啊！

## 创作爆款商品照片的用光魔法

人像摄影也经常使用哦！
助手小白
反光板
模特
这个道具常用于人像摄影等场景
反光板可以反射光线。
光
模特
反光板
它可以让光线聚集在被摄物上。
如果用反光板将光聚集在物体上，
阴影
光线
因阴影而变暗的地方也会变淡呦！
反光板很贵吧？
用家里现成的东西就可以制作。
很简单!!
反光板的制作方法
拿出锡纸
揉皱后展开
代替反光板
DIY的反光板也能让照片发生如此变化呀！

用光魔法真厉害！比直接拍强多了、棒多了！
是吧？
但是这与好照片好像还是不一样……
铃木老师会认真地回答我这个问题吗……
这次我们把花放到蜡烛的后侧，试着让它进一步虚化吧！
视线与香薰同高
使用一些小道具实现虚化效果，而且最好选择同色系的道具！
背景
被摄物
相机
尽可能靠近！
这里正好复习一下虚化技巧吧！
俯看一下道具的摆放位置，以配合出更具效果的展示角度。
拍摄的布置台

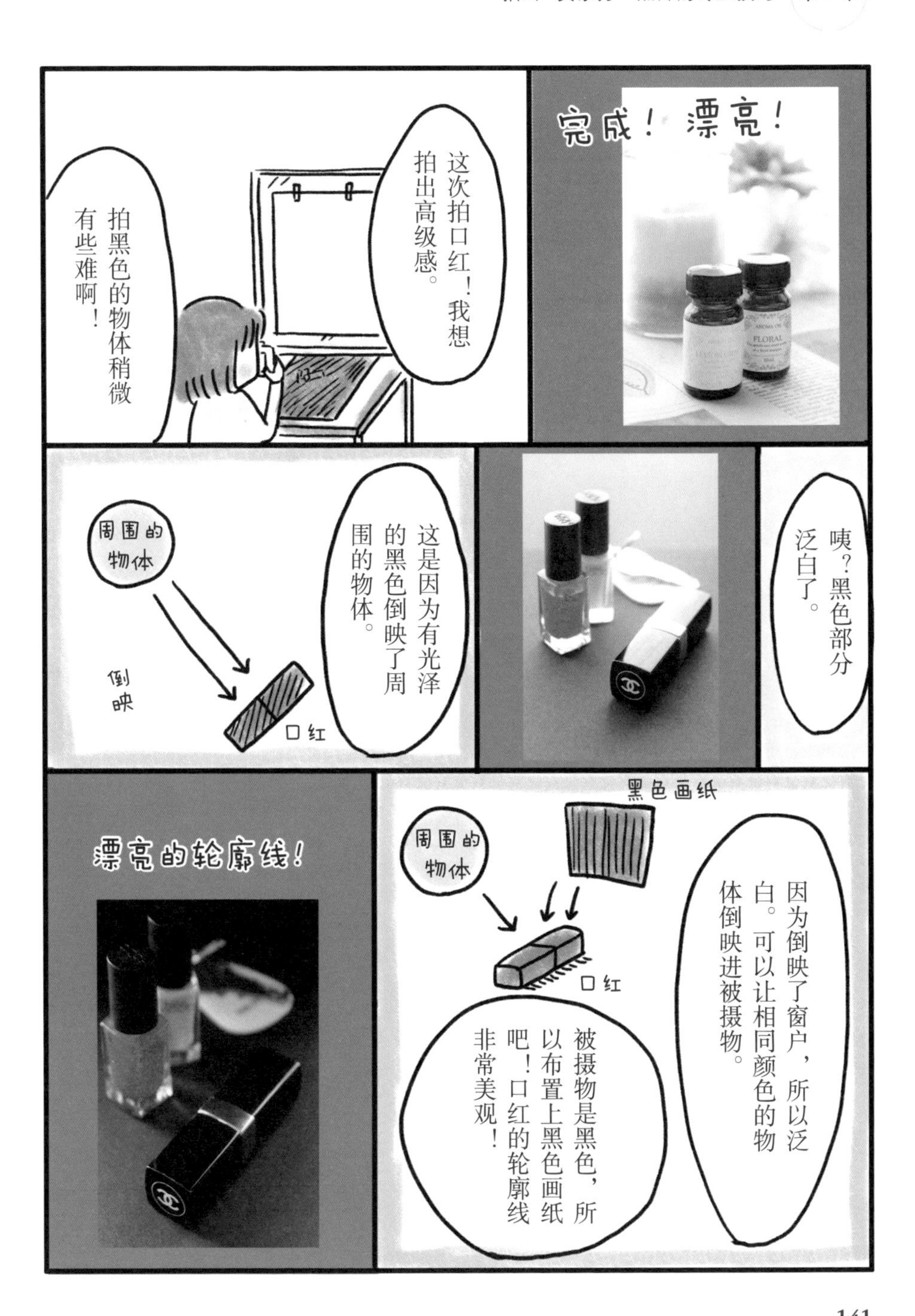
这次拍口红！我想拍出高级感。
拍黑色的物体稍微有些难啊！
完成！漂亮！
这是因为有光泽的黑色倒映了周围的物体。
周围的物体
倒映
口红
咦？黑色部分泛白了。
漂亮的轮廓线！
黑色画纸
周围的物体
口红
因为倒映了窗户，所以泛白。可以让相同颜色的物体倒映进被摄物。
被摄物是黑色，所以布置上黑色画纸吧！口红的轮廓线非常美观！

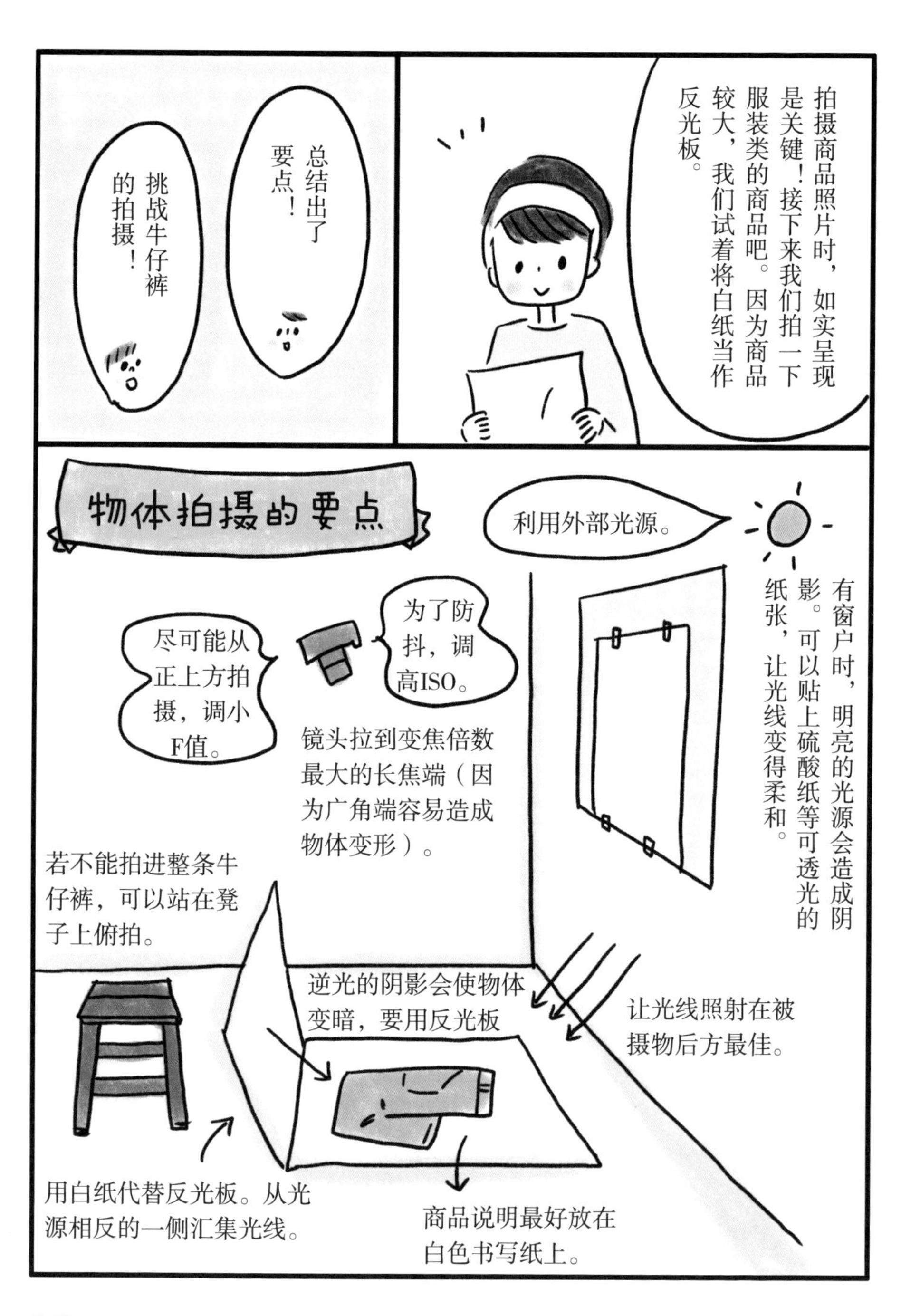

拍摄商品照片时，如实呈现是关键！接下来我们拍一下服装类的商品吧。因为商品较大，我们试着将白纸当作反光板。
总结出了要点！
挑战牛仔裤的拍摄！
物体拍摄的要点
利用外部光源。
有窗户时，明亮的光源会造成阴影。可以贴上硫酸纸等可透光的纸张，让光线变得柔和。
尽可能从正上方拍摄，调小F值。
为了防抖，调高ISO。
镜头拉到变焦倍数最大的长焦端（因为广角端容易造成物体变形）。
若不能拍进整条牛仔裤，可以站在凳子上俯拍。
逆光的阴影会使物体变暗，要用反光板
让光线照射在被摄物后方最佳。
用白纸代替反光板。从光源相反的一侧汇集光线。
商品说明最好放在白色书写纸上。

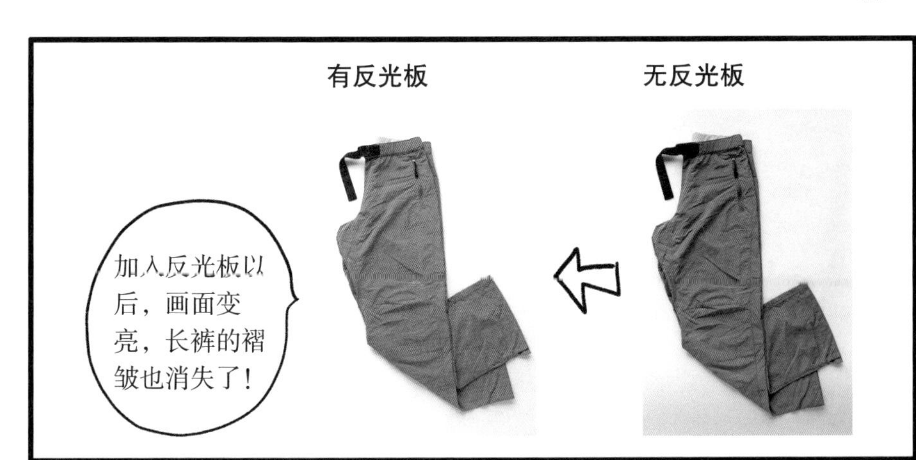
有反光板
无反光板
加入反光板以后，画面变亮，长裤的褶皱也消失了！

哇！亮度完全不一样。
室内光线有时容易偏红，此时便需要用白平衡进行调整。

有反光板　　　　无反光板

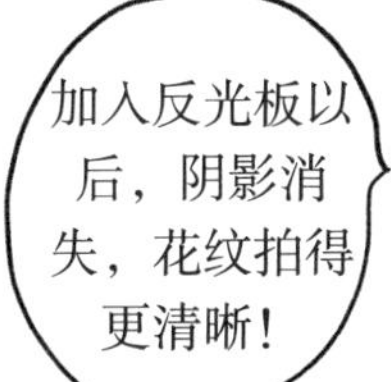
加入反光板以后，阴影消失，花纹拍得更清晰！

拍摄服装类的商品时，可以用蒸汽熨斗熨一下衣服。
可以用报纸塞满帽子来定型。

## 还有许多拍摄技巧

●**背景加入斜线条**

注意木头的线条。横平竖直的线条缺乏美感。

斜着布置木头线条后形成景深，平衡感较好。

从侧面打一束『侧光』，更有立体感。

●**背后放一些灯饰，晕染为光斑！**

●**戒指放在书本上，打光后会出现爱心！**

可以拍出如此时尚的小物件照片呦！

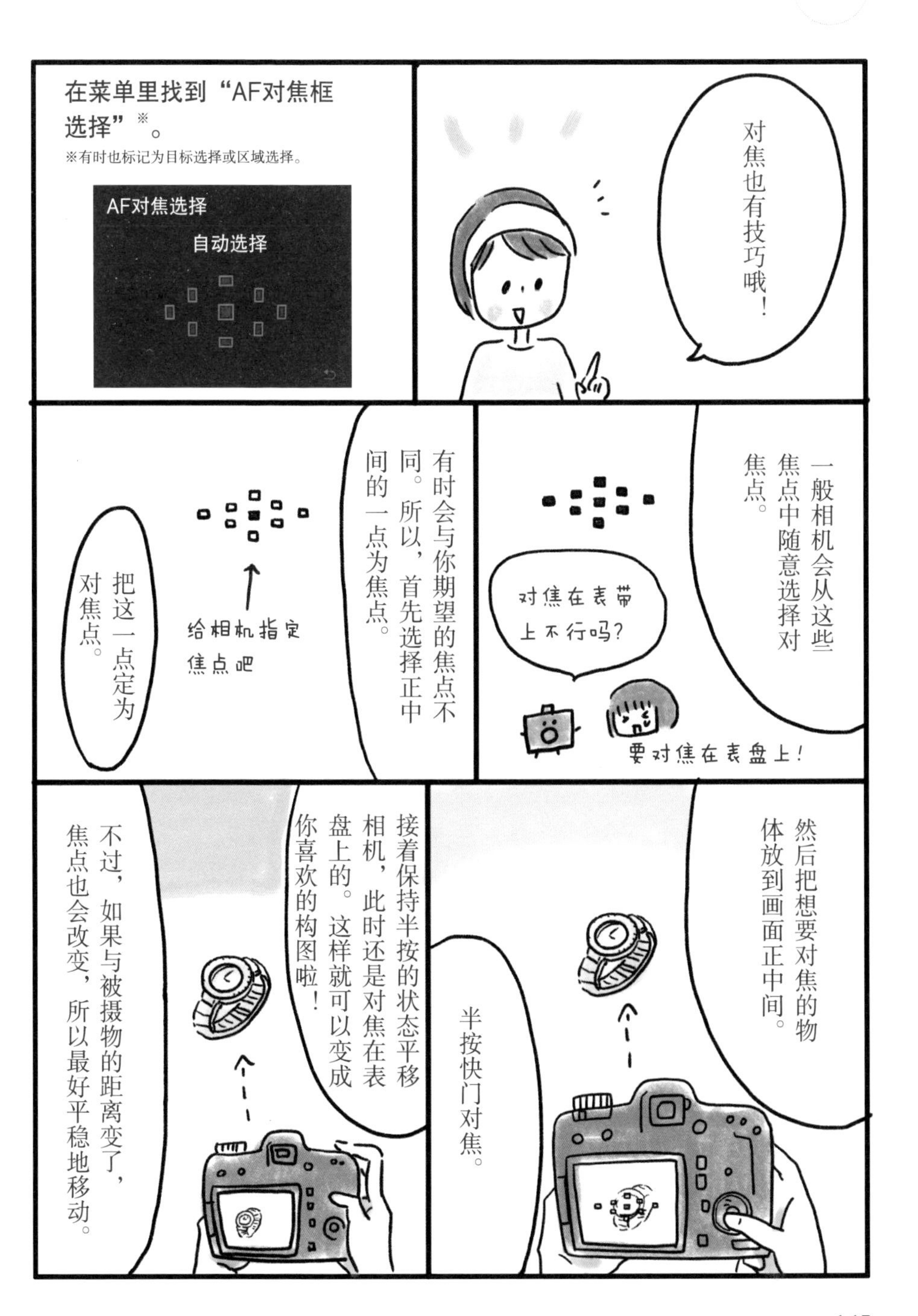
在菜单里找到“AF对焦框选择”※。
※有时也标记为目标选择或区域选择。
AF对焦选择
自动选择
对焦也有技巧哦！
一般相机会从这些焦点中随意选择对焦点。
对焦在表带上不行吗？
要对焦在表盘上！
有时会与你期望的焦点不同。所以，首先选择正中间的一点为焦点。
给相机指定焦点吧
把这一点定为对焦点。
然后把想要对焦的物体放到画面正中间。
半按快门对焦。
接着保持半按的状态平移相机，此时还是对焦在表盘上的。这样就可以变成你喜欢的构图啦！
不过，如果与被摄物的距离变了，焦点也会改变，所以最好平稳地移动。

好嘞，这下对焦也可以随心所欲了！已经没有什么让我害怕的东西了！哇……拍出来了，『露营时让男士心动的户外手表』照片。
嘟囔
这个设定真详细啊！
这是？
完了，没拍好，我要拍的可是『第一次送给女友的花』！
这个给你……
哼
生气
再来一张花卉
杂乱～
用中心构图，花朵蓬松可爱！
这次才算拍出了效果！
啊哈哈

唉……
我原以为静物摄影就是认真对着一样物体拍摄就成。
盯……
不过，虽说只要按下快门就能拍出照片，但如果一边思考如何呈现被摄物，一边拍摄，摄影就会更加有趣……
『想这样拍！』=『想这样表达！』
所以，一定要运用好光线，向相机表达出自己的想法！
然后就可以享受如愿以偿拍出照片时的欣喜啦！
好呀
我终于明白了拍摄『卖家秀』照片的方法！
哈哈
是吧，老师？
好感动，所以一定要谢谢你！
看来我也有当老师的潜质啊！
终于教会你摄影了
嘿嘿嘿

# 最终章

## 拥有相机的日子
## 每天都是小幸福

# 来吧！向着苏格兰出发

终于要出发前往苏格兰了，这将成为我炫耀摄影技术的旅程！

苏格兰照片展

小白用单反拍的哟！

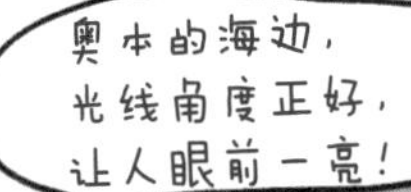

拍……拍到了！
在想要拍摄的场景中，拍出了理想的画面。
而且……
若是从前，肯定会忽略的小物件。
盯……
现在会下意识地透过镜头认真观察，之前视若无睹的东西，现在都看得更真切了。
?
闪亮
还想再拍一些！留下更多回忆！
带着相机真是太好了！
闪闪
发光

咔～！
在天空岛看到那些绝美的风景时，迫切地想把这份感动表达出来，于是忘我地不停按着快门！
哈……
回国后
整理照片中
拍得还行吗……
！

哇！
全都是喜欢的照片！
威士忌
绵羊
大自然
相机君
谢谢你!!
苏格兰再次闪现！
现在还能想起按下快门时那份激动的心情。
即便回来后翻看着照片，当时的心情和氛围仿佛又瞬间苏醒了……
不能只有我欣赏，我要向铃木老师汇报！
咣
这些都是小白想要表达的东西，全是用心满满的照片啊！
相机就是一个能让回忆复苏的记忆装置啊！

我之前一直以为，只有记住了相机的全部知识，才能拍出好照片。
所以，屡屡受挫。
开始时无须记住所有的知识。
只需记住三点技巧，其余就靠感觉！
最重要的是你享受了它！
还有就是多拍……
然后，如果还想这样拍。
开始
第一步
之后
不懂
记住三点
想再了解
就会不自觉地想去尝试其他功能，那么原来觉得很难的事情，也会在不知不觉中迎刃而解。

确实……我也从没想到自己会沉迷于摄影。
遇见铃木老师后，先试着记住了三点技巧，然后竟然轻而易取地拍出了连自己都吃惊的好照片。
之前一直视若无睹的事物，也突然变美了……
啊，好美啊！
一滩积水
可以看到它们的很多面……
哇！猫猫的胡须是这样的呀。
还想发现更多……
想要拍的东西越来越多！
很多事物都在不断变化，越来越有趣。
该我出场啦。
哇—
摄影让我明白了很多事情，原来那些稀疏平常的日子，也可以变成特殊的回忆……
哇，收到了！
影集
当那些重要的瞬间来临时……
我会更加珍惜，会毫不犹豫地把它们全部记录下来！
苏格兰
Photo

半年后
哇！这是！
积水里倒映着太阳！
现在我的生活已经离不开相机了。
忘了带相机的日子里
啊！错过了按快门的机会！好后悔啊。
为什么会忘带啊？
为什么？
我就会想……
因为相机让我察觉到，原来普普通通的日子里也有惊喜和发现。
相机让寻常的每一天都变成特别的日子。
它是我最棒的伙伴！

对于想要开始学习摄影的你来说，

无关年龄，无关性别，谁都能轻松地开始。

入手相机后，首先试着记住三点技巧。

试着迈出这一小步吧！

让我们一起透过镜头，

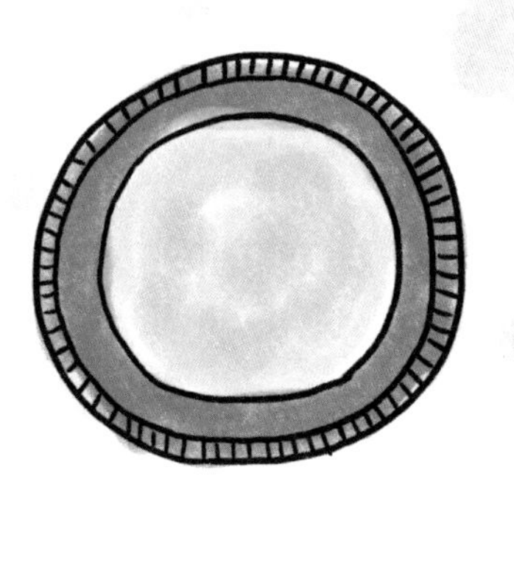

去发现和探索那些你至今还未曾见过的世界吧！

# 后记

“我想用单反拍照！”
两年前，我带着这个想法一个人钻进了电器店。
但是，我完全不知道选哪款相机好，
所以，最后我晕晕乎乎地入手了一款不能更换镜头的相机。

明明想把我热爱的大自然美美地拍下来，
但是事与愿违。
最后，还不如手机拍得好看，
我只好承认“我不懂相机”而放弃单反。

但是，以出版这本书为契机，
我遇到了属于自己的相机，
现在，我给它换上了自己喜欢的相机背带，
享受着每一个带着相机出门的日子。

确实，只要按下快门，就能拍出照片。
但是我认为，如何将“想拍”的事物拍出它最美的模样，
以什么角度拍摄，如何改变色彩与虚化……
在一边思考一边试错中，隐藏于深处的摄影乐趣才会真正体现出来。

我要真诚地感谢同为摄影爱好者的大川编辑，
是你的支持让我完成了这本书。
另外，也非常感谢一直认真教我拍照的铃木老师，
我还想与你一同去摄影散步。
最后，对于翻阅了这本书的读者们表示衷心的感谢。

如果大家能右手拿着本书，左手端着相机，
走出家门，去拍摄一张属于自己的照片，那么我将不甚欣喜。

小石有华

图书在版编目（CIP）数据

小白学摄影 / (日) 小石有华著 ; (日) 铃木知子监修 ; 朱曼青译. -- 海口 : 南海出版公司, 2021.4（2024.2重印）
ISBN 978-7-5442-8728-9

Ⅰ. ①小… Ⅱ. ①小… ②铃… ③朱… Ⅲ. ①数字照相机—单镜头反光照相机—摄影技术 Ⅳ. ①TB86②J41

中国版本图书馆CIP数据核字(2020)第246548号

著作权合同登记号 图字：30-2020-107
TITLE：［カメラはじめます！］
BY：[こいしゆうか]


XIAOBAI XUE SHEYING
小白学摄影

策划制作：北京书锦缘咨询有限公司
总 策 划：陈　庆
策　　划：李　伟

作　　者：［日］小石有华
监　　修：［日］铃木知子
译　　者：朱曼青
责任编辑：张　媛
排版设计：柯秀翠
出版发行：南海出版公司 电话：（0898）66568511（出版）（0898）65350227（发行）
社　　址：海南省海口市海秀中路51号星华大厦五楼 邮编：570206
电子信箱：nhpublishing@163.com
经　　销：新华书店
印　　刷：昌昊伟业（天津）文化传媒有限公司
开　　本：889毫米×1194毫米　1/32
印　　张：5
字　　数：123千
版　　次：2021年4月第1版　　2024年2月第4次印刷
书　　号：ISBN 978-7-5442-8728-9
定　　价：59.80元